徽墨山水·梦

2020全国城乡规划专业
七校联合毕业设计作品集

北京建筑大学
苏州科技大学
山东建筑大学
西安建筑科技大学 ｜ 编
安徽建筑大学
浙江工业大学
福建工程学院

东南大学出版社

图书在版编目（CIP）数据

徽墨山水·梦：2020 全国城乡规划专业七校联合毕

业设计作品集 / 北京建筑大学等编 . —南京：东南大

学出版社，2020.12

ISBN 978-7-5641-9355-3

Ⅰ.①徽… Ⅱ.①北… Ⅲ.①城市规划 – 建筑设计 –

作品集 – 中国 – 现代 Ⅳ.① TU984.2

中国版本图书馆 CIP 数据核字（2020）第 265142 号

徽墨山水·梦：2020 全国城乡规划专业七校联合毕业设计作品集
Huimo Shanshui·Meng：2020 Quanguo Chengxiang Guihua Zhuanye Qixiao Lianhe Biye Sheji Zuopinji

编　　者：北京建筑大学　等
出版发行：东南大学出版社
社　　址：南京市四牌楼 2 号　邮编：210096
出 版 人：江建中
责任编辑：贺玮玮　　邮箱：974181109@qq.com
网　　址：http://www.seupress.com
经　　销：全国各地新华书店
印　　刷：江阴金马印刷有限公司
开　　本：889mm×1194mm　1/16
印　　张：7.75
字　　数：165 千字
版　　次：2020 年 12 月第 1 版
印　　次：2020 年 12 月第 1 次印刷
书　　号：ISBN 978-7-5641-9355-3
定　　价：69.00 元

本社图书若有印装质量问题，请直接与营销部联系。电话：025-83791830

编委会

前言
PREFACE

正值金秋十月收获的季节，有幸拜读"徽墨山水·梦"——2020全国城乡规划专业七校联合毕业设计作品集，我被它深深地吸引并由衷地叹服……

"未见屯溪面，十里闻茶香；踏进茶号门，神怡忘故乡。"屯溪外边溪史称"茶务都会"，此次，国内著名"7+1"院校城市规划专业联合毕业设计选择这一著名的历史文化街区做城市设计，这让生于斯、长于斯的我这位黄山人非常高兴！因为，黄山市史称徽州，古徽州大地镶嵌于千山万壑中、黄山白岳间，境内众山环峙、川谷崎岖、山高水陡，美丽的新安江一泻千里，奔腾咆哮至大海，徽州人民正是在这独立的自然地理单元和社会结构中，依靠坚韧不拔、顽强立世的精神创造出了博大精深、辉煌灿烂的徽州文化。徽州文化几乎涵盖了社会生活的所有领域，成为一种独特文化至今绵延不息。徽派村落与徽派建筑在环境营造、选址格局、建筑组合、空间形态、室内装饰等方面都无不体现徽州文化的深刻影响，体现出中华传统建筑文化特征和典型的精神理念，彰显了自然美、社会美、艺术美的高度统一，充分体现了人与人、人与社会、人与自然的和谐统一。

本次作品集共18篇，紧紧围绕"徽墨山水·梦"主题，学子们展开设计的翅膀和创作的激情，仿佛置身于山水乡愁与现代生活共生共长的梦幻般画卷中。不论在区域空间分析、山水形态关系的研究上，还是在历史文化挖掘、空间肌理传承、生态安全控制、文旅产业带动上，莘莘学子们都交出了满意的答卷。虽为同一主题，学生们却展现出不同的城市设计方法理念、定位路径，使这一历史文化地段焕发出新时代的活力与生机，推动文化创造性转化为城市产业动力，为促进该地段社会、经济、生态、文化协同发展贡献了独特方案，这让我非常敬佩！

面对这些优秀作品，这不仅仅是一个地段城市设计或一次走向社会的实践，我更看到当代城市规划专业学生对生态自然、历史文化、社会经济的深深关怀和责任担当，从每项作品中我仿佛看到他们优秀的人生态度和品格，那种克服疫情困难、艰辛探索、创造未来的情感和梦想！

因此，我为当代大学生风采备感骄傲！

在此，谨祝愿全国城乡规划专业"7+1"联合毕业设计越办越好！

陈继腾

中国传统村落专家、安徽省村镇建设学会传统村落分会会长、安徽大学徽学中心特聘研究员、

安徽理工大学硕士生导师、黄山学院建筑学院名誉院长、黄山市城市建筑勘察设计院院长

安徽建筑大学

北京建筑大学

浙江工业大学

苏州科技大学

福建工程学院

山东建筑大学

西安建筑科技大学

目　录
Contents

"徽墨山水·梦"
—— 黄山屯溪区外边溪滨水地段城市设计

1 选题背景

党的十九大提出加快生态文明体制改革，建设美丽中国。中央城镇化工作会议也提出："城市建设要体现尊重自然、顺应自然、天人合一的理念，依托现有山水脉络等独特风光，让城市融入大自然，让居民望得见山、看得见水、记得住乡愁；要融入现代元素，更要保护和弘扬传统优秀文化，延续城市历史文脉。"

1.1 城市概况

黄山市位于安徽省最南部，地处皖、浙、赣三省接合部，西南与江西省景德镇市、婺源县为邻，东南与浙江省开化、淳安、临安县交界，东北和西北分别与安徽省宣城、池州两市接壤。

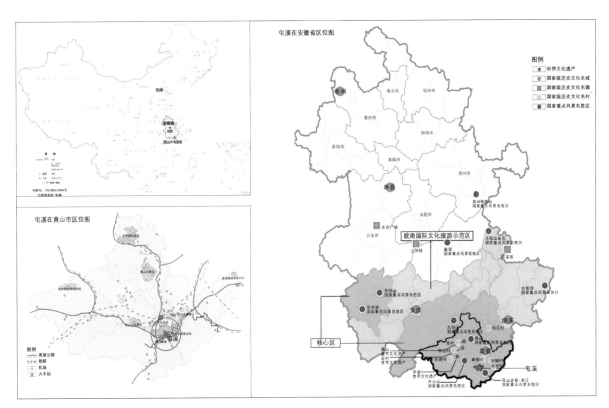

图 1-1 屯溪区在全国、安徽省、黄山市的区位

黄山市历史悠久，远在六七千年前，我国母系氏族社会的后期，人类就已经在这片美丽富饶的山区劳动生息了。在距今三四千年的殷商时期，这里就居住着一支叫山越的先民。在春秋战国时期，这里先属吴，吴亡属越，越亡属楚。秦始皇统一六国之后，实行郡县制，这里为会稽郡属地。南朝时开始设置新安郡，郡府搬迁又始终未离开新安江上游，徽州古称新安，其源盖出于此。宋代徽宗宣和三年（公元 1121 年），歙州被诏改为徽州。

1987 年 11 月，经国务院批准，在原徽州地区行政区划的基础上调整设立省辖地级市——黄山市，下辖三区四县和黄山风景区，即屯溪区、徽州区、黄山区、歙县、休宁县、祁门县、黟县，市政府驻地设在屯溪区（图

1-1）。全市总面积 9 807 km^2，占全省面积的 7%。

1.2 文化背景

徽州文化是中国三大地域文化之一（徽文化与藏文化、敦煌文化并称为三大地域文化），是中华文明的重要组成部分，是中华文明的重要源头之一。徽文化全面崛起始于北宋后期，明清时代达到鼎盛，是极具地方特色的区域文化。徽州文化以儒家文化为内核，涵盖哲、经、史、医、科、艺等诸多领域，体系极为完整，现存非物质文化遗产项目达数百种。徽文化是古徽州一府六县物质文明和精神文明的总和，其内容广博、深邃，有整体系列性等特点，深切透露了东方社会与文化之谜，全息包容了中国后期封建社会民间经济、社会、生活与文化的基本内容，被誉为中国后期封建社会的典型标本。

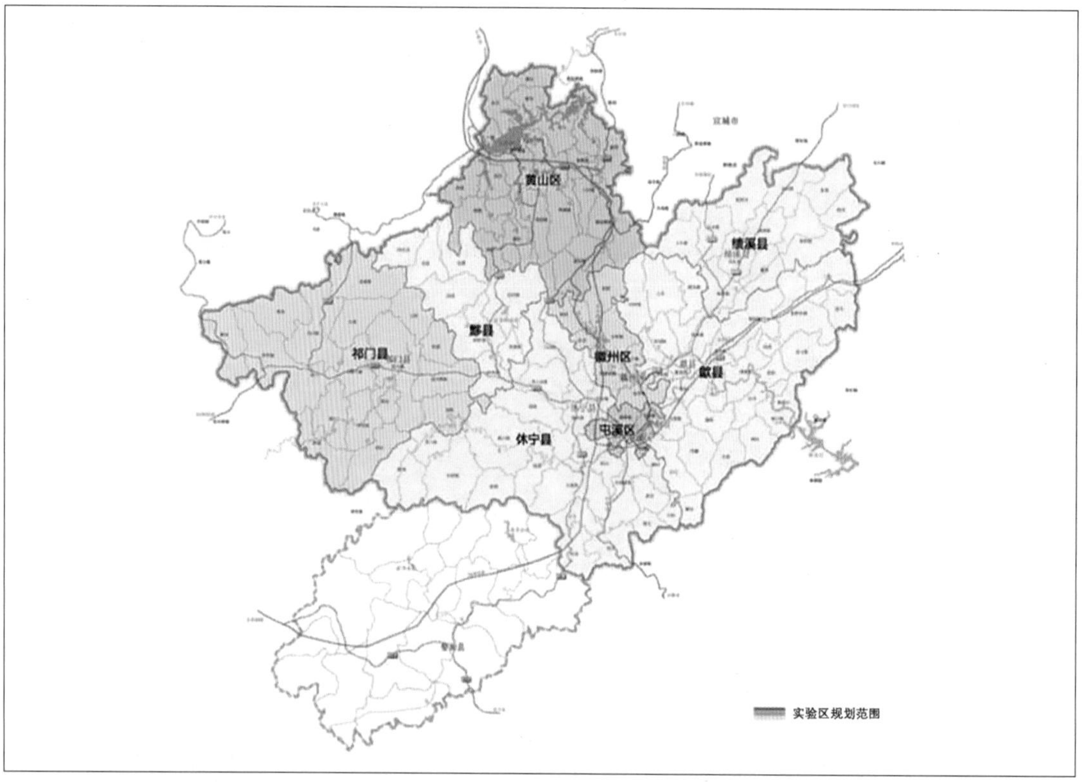

图 1-2　徽州文化生态保护实验区范围

历史上中原战乱频繁，古老的徽州由于山岭阻隔，其与外界联系相对困难，而变成了“世外桃源”，中原世家大族因为避难迁徙到徽州，带来了孔孟儒学为核心的中原文化。徽文化是因徽州区域的形成而形成。古徽州位于安徽省南部，地处皖、浙、赣三省交界处，下设黟县、歙县、休宁、祁门、婺源、绩溪六县，现绩溪归属宣城，婺源归属上饶，黄山继承古徽州大部分管辖范围，是徽文化主要的发源地。黄山市同时也是徽文化的主要传承地，2010 年，在已经公布的我国第二个文化生态保护实验区——“徽州文化生态保护实验区”中，黄山市是生态区的核心区（图 1-2）。

其中非物质文化遗产种类和数量在全省各市中均位列第一，黄山市现有国家级非物质文化遗产项目代表性传承人 20 人、省级非物质文化遗产项目代表性传承人 145 人（全省 743 人，约占 20%）；拥有国家级非遗项目 21 项，占全省总数的 29%。徽州传统木结构营造技艺、程大位珠算法被列入联合国教科文组织人类非物质文化遗产代表作名录。除非物质文化遗产外，黄山市现存大量历史文化遗存，包括众多的城镇、村落和历史建筑，这些是维持地域社区结构的物质基础，而这些历史环境和居住社区又是联系世代生活于此的人们的精神纽带。拥有世界文化遗产、世界文化自然遗产 2 处，国家级历史文化名城 1 处，国家级历史文化名镇名村 10 处，国家级历史文化街区 1 处，国家级重点文保单位 17 处，省级历史文化名城 1 处，名村名镇 8 处。

1.3 《黄山市城市总体规划（2008—2030 年）》(2018 年修改) 简介

1.3.1 城市性质与职能

现代国际旅游城市；自然与文化遗产资源集聚地；皖浙赣交界区域中心城市。城市职能：

（1）以"名山秀水处、徽州文化源、生态宜居地、国际旅游城"为特色的现代国际旅游城市；

（2）长三角城镇群的重要旅游城市及区域性综合交通枢纽；

（3）国家综合服务业创新基地；

（4）安徽省重要的生态保护区、水源涵养生态功能区；

（5）黄山市域政治、经济、文化中心。

1.3.2 城市发展总目标

以建设世界著名现代国际旅游城市为总目标，进一步提升城市国际知名度，增强城市综合竞争力，实现生态与综合环境友好以及经济社会的跨越式发展。

1.3.3 城市发展策略

1. 以黄山风景名胜区为引领，加快推进"两山一湖"国际旅游胜地的建设

黄山国际旅游目的地的构成包括风景区旅游目的地、功能片区旅游目的地和城市旅游目的地、区域性国际旅游目的地 4 层结构。黄山区域性国际旅游目的地是指"两山一湖"旅游区，要与徽州文化生态保护试验区、皖南旅游文化示范区、国家服务业综合改革试点城市的建设相结合，形成世界著名的以"名山秀水—地域文化—宗教文化—城市文明"为特色的综合性、多元化的"两山一湖"国际旅游胜地。

2. 产业发展策略

以提高经济增长的质量和效益为中心，引导区域内一、二、三产业合理分工，促进要素有序流动和资源优化配置，加快形成城乡结合、优势互补、层次分明、协调发展、共同提高的产业分布格局，把黄山建成国际著名的休闲度假养生胜地，以上海为龙头的长三角经济圈的特色工业基地，绿色、特色农产品生产及加工基地。把绿色发展导向贯穿农业发展全过程，以"绿水青山就是金山银山"理念为指引，以资源环境承载力为基准，以推进农业供给侧结构性改革为主线，尊重农业发展规律，强化改革创新、激励约束和政府监管，转变农业发展方式，优化空间布局，节约利用资源，保护产地环境，提升生态服务功能，全力构建人与自然和谐共生的农业发展新格局。

（1）以旅游目的地建设为主线，打造黄山国际旅游城市品牌；

（2）以工业突破为主线，走出一条具有黄山特色的新型工业化道路；

（3）以发展现代农业为主线，全面提高农业综合生产能力。

3. 特色彰显策略

以现代国际旅游城市为目标，以自然环境特色为本底，以历史文化传承为坐标，以响亮品牌的保持与塑造为手段，以符合地脉、文脉、人脉的项目为载体，以多元化资金投入为推动，使得城市的自然环境特色与徽文化特

色在内涵和空间上有机统一，城市外在形象与精神内质有机统一，历史文化与现代文化有机统一。

　　总体形象定位：自然与文化遗产地，现代国际旅游城——走向徽州新时代。

　　城市特色提炼："名山秀水处、徽州文化源、生态宜居地、国际旅游城"。

　　1）自然与文化特色

　　双遗生辉（自然与文化遗产，尤其是以黄山与西递古村落为代表的世界遗产）；双山遥望（黄山、齐云山）；双水映衬（太平湖与新安江）；双城生长（中心城区与甘棠城区）。

　　2）城市形态特色

　　城在山水间——城市生长在山水田林间；

　　山水在城中——建设板块与大地景观呈现出和谐的图与底的关系。

　　3）城市产业功能特色

　　三产：旅游及相关产业、综合服务业、信息、物流、创意产业。二产：绿色、环保工业。一产：祁红屯绿、黄山毛峰、太平猴魁、黄山贡菊、山珍菌菇、茶油、花卉药材、乡村特色旅游等。

1.3.4　城市规划结构

　　规划期内，城市形成"双城、三轴"的空间结构。双城：中心城区、甘棠城区。三轴：新安江旅游发展轴、皖赣铁路、京福铁路产业发展轴，京台高速（G3）主要交通联系轴（图 1-3）。

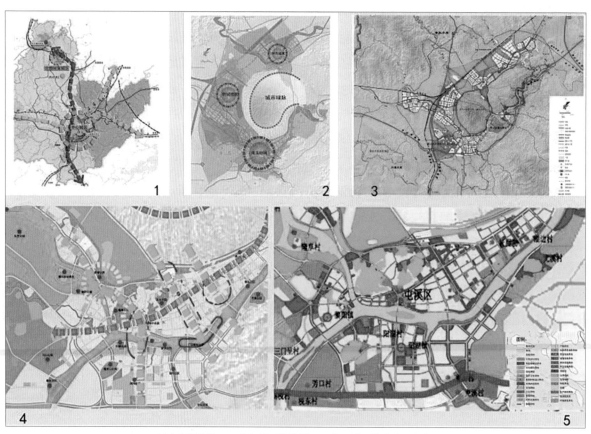

1 城市空间结构　2 中心城区结构图　3 中心城区综合交通规划图
4 屯溪区绿地规划图　5 屯溪区用地布局图

图 1-3　黄山市城市规划结构

2 毕业设计选题

"徽墨山水·梦"——黄山屯溪区外边溪滨水地段城市设计。

2.1 选题意义

徽州因水得兴，独特的山水空间是城市重要的文化特色要素，滨水地带的建设是城市魅力塑造的重要任务。那么，在已基本形成的三江三岸空间风貌格局基础上，新安江南岸外边溪地段在设计时如何整合、传承、创新并重新激发城市特色魅力与彰显时代特色，是本次城市设计课题需要解决的主要问题，也是本次联合毕业设计的选题缘由和意义所在。

2.2 选题区位和概况

外边溪地段（阳湖单元）位于中心城区江南新城片区，东至新安南路、南至徽州大道、西至西海路、北至新安江，用地面积为 1.04 km²。

2.3 规划用地范围

本次联合毕业设计分为两个层面进行，分别为研究范围和设计地块范围。

2.3.1 研究范围

规划研究范围为屯溪三江口区域（见图 2-1），规划用地面积约为 4.48 km²。

2.3.2 城市设计地块

本次联合毕业设计不指定具体的城市设计地块，各组在外边溪地段（阳湖单元）范围内自行选择城市设计地块，但每组选定的城市设计地块面积应在 50 hm² 左右。

2.4 研究区域概况

2.4.1 三江口

屯溪新安江上游两大支流率水与横江的交汇处，形成了三江汇聚的地理环境——三江口（横江、率水和新安江交汇处），江水将屯溪分为埠阳（老街）、黎阳（西镇街）、阳湖三镇。率水与横江在屯溪汇合后，称新安江，新安江在古代又名渐江、徽港，是钱塘江的主流，是古代徽州连接杭州的重要水上通道，堪称徽州的母亲河，徽州古代文明的摇篮。新安江全长 242.31 km，流域面积 5 757.47 km²，在浙江省淳安县新安江水库区入富春江。（图 2-1）

因其地理环境因素，紧临发达的水运交通，背依群山，限制了其横向发展，此时屯溪区所呈现的发展格局为沿河北岸、东西向带状发展。明嘉靖十五年（1536 年），由屯溪富商程子谦修建的镇海桥将当时分散于三处的商业串联起来，形成了黎阳街—西镇桥—西镇街—戴震路—隆阜街这一商业体系，是相当长一段历史时期里屯溪的主要街市脉络。川流不息的新安江水以其优美的曲线，携带着两岸自由起伏的山际和丛林、丰富多姿的人文景观穿城而过，在与率水、横江交汇后形成了三江口风光带的奇特地貌景观，四周有稽灵山、柏山和戴震公园等环绕烘托，更凸显出钟灵毓秀、天开图画的山水城市空间特色。

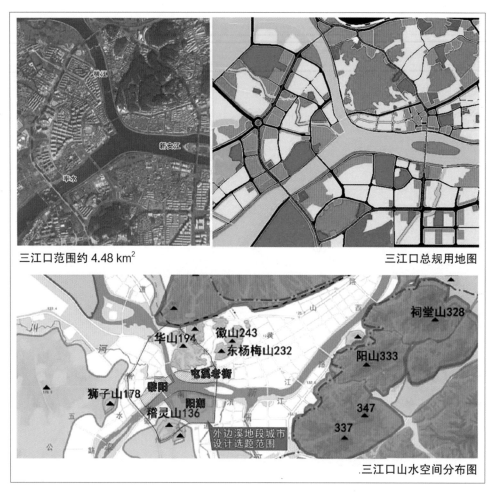

三江口范围约 4.48 km²

三江口总规用地图

三江口山水空间分布图

图 2-1　三江口范围、总规用地及空间分布图

2.4.2　屯溪老街

　　屯溪老街的形成与发展是与屯溪优越的地理位置和徽州商品经济的活跃密切相关的。屯溪位于皖、浙、赣三省接合部，地处"两江交汇，三省通衢"的优越位置，驿道通畅，更因新安江舟楫便捷，成为皖南山区物资的集散中心。南宋时期，徽州木材多由新安江下泛至都城临安。《新安志》载："（休宁）山出美材。岁联为桴，下浙江。往者多取富。"元末明初，屯溪率口人程维宗在屯溪建造店房 47 间，用以招徕商贾，囤居客货商物。这是目前可见到的追溯屯溪老街形成的最早文字记载。明弘治四年（1491 年），《休宁县志》中就已有"屯溪街"的名目记载。由此可见，屯溪老街的形成距今已有五百余年的历史了。

　　屯溪老街的起点源于街西口的水运码头，码头的车水马龙、人流聚集使得这里成为了商人们交易买卖的场所，从当时的西街口的买卖点向东延伸，街区地块的中心区域交通便利，街区的地块功能逐渐从原先的居住功能转变为了商业为主、居住为辅。从屯溪老街的发源历史来看，处于封建时期的商业街的经营模式大多为小作坊式的家庭经营模式。建筑多是前店后住、下店上住的形式，店铺规模较小。沿江发展形成的商业片区呈线性发展，商铺以主街为轴线，沿街两侧紧密排列。

　　屯溪老街街区雏形产生于元末明初时期，兴于明朝，在晚清随着徽商的崛起达到其小农经济商业街区的巅峰，之后历经民国时期频繁的战争和灾祸，在抗日战争爆发后，随着周边难民和机关单位的涌入，达到一时繁荣，之后随着抗日战争的结束，难民、机关返乡而迅速衰落。

新中国成立后，一度实行计划经济体制，老街一度荒凉，大多店铺被改为居住所用。新中国成立初期人们对历史街区的保护意识还不够时，一些机关单位甚至是工厂都迁入了老街，主要分布在二马路以东、老街后方的区域。据统计，当时办公、文教、公共文化、仓储、工业性质的用地占老街总用地的 24.8%。

1997 年在改革开放的历史背景下，中国进入了由计划经济向市场经济的转型，屯溪开始制定城市发展建设总体规划。在此期间老街的保护和复原得到了当地市政府和文化学者的高度重视。1985 年在清华大学朱自煊教授的协助下完成了《屯溪老街历史地段的保护与更新规划》。改革开放后，随着黄山市旅游业的兴起，屯溪老街凭借其独特的传统风貌和魅力，从城市的一个中心商业街区逐渐成为以旅游产品和服务为主的历史文化街区。

现存老街东西长约 800 m，宽 4~6 m，其中老街历史地段街廓尺度东西长 853 m，南北在 50~120 m 之间，面积约 7.3 hm^2，屯溪老街街区整个街廓东西长 1 272 m，范围在 210~350 m 之间，面积约 22.7 hm^2。

2.4.3　黎阳

公元 207 年设犁阳县，晋改为黎阳。处于"两江交汇，三省通衢"的地理位置，自古就是皖浙赣边陲商业中心和新安江的码头重镇，有"唐宋之黎阳，明清之屯溪"之说。黎阳历史悠久，为千年古镇。1992 年 2 月，黎阳、隆阜、枧忠 3 乡合并建黎阳镇。

黎阳镇拥有建于明嘉靖十五年（1536 年）的镇海古桥、黎阳古街，始建于唐朝的龙山寺，以及风景秀丽的高山林泉等具有深厚文化底蕴的人文景点，还汇集了吊狮、地戏、龙舟、黎阳仗鼓、隆阜抬阁等徽州传统民间艺术，其中黎阳仗鼓、隆阜抬阁被收录为安徽省非物质文化遗产。

黎阳镇位于黄山市主城区西南部，黎阳镇镇域面积 22.89 km^2，现辖 5 个社区，8 个村，历年来分别为黄山市小城镇综合改革试点镇、安徽省小城镇综合改革中心镇、国家级小城镇综合改革试点镇等。特色小镇是坚持政府引导，以产业为主体、以项目为载体，生产、生活、生态等社区功能相融合的特定区域。黎阳特色小镇被定为休闲小镇，目前已涵盖酒店集群及办公写字楼、黎阳古镇徽文化展示和黎阳商业街、高档住宅群三大业态，并有黎阳水街景观主轴将三大业态链接在一起。小镇常住人口约 4 万人，建有黎阳文化休闲产业——香茗大剧院。《徽韵》全剧共分五幕，每一幕相对独立，又互相关联，通过史诗般的场景，以音乐、舞蹈、杂技、现代徽剧、京剧、花鼓灯、民歌联唱、欢歌载舞等多种表现手段，奉献给观众一台多姿多彩、美轮美奂的旅游文化大餐。商业休闲产业——2016 年 2 月黎阳 in 巷被评为 4A 级特色旅游景区，年预计接待游客 150 万人次（2016 年）。景区内设有 1 座影城、62 家餐饮、33 家商业、9 家文化类商铺、6 家住宿、17 家娱乐商铺、2 家银行服务点、1 所旅游服务中心、1 所设计工作室。

2.4.4　阳湖、外边溪

"阳湖"旧称"洋湖"，史料载其"滨溪平衍、汪洋如湖"而故名；"外边溪村"因位于阳湖镇下村溪边，又处于阳湖正街外沿江边缘，故谓之"外边溪村"。旧志有录，外边溪村一度是新安江重要的商贸交易码头，清末至民国初期，是屯溪主产茶种"屯绿"最大的集散和仓储地，村民亦大都以水运的方式从事生产经营活动，清末休宁县商会会长、徽州八邑茶务总会会长吴荣寿即为该村村贤，因此，在外边溪村现存的建筑遗存中，有明显的码头文化的痕迹。外边溪村地处沿江坡岸地带，旧时为亲水地貌，村庄方圆约 0.5 km，村庄外部轮廓为平面铲形，村庄内部有南北向一条主巷，与东西巷向两条支巷交叉成井字形的道路骨架，院落式组团，棋盘状布局。街巷空间形态基本保留了典型的徽州民居建筑的风格特征，夹杂部分不同历史时期的建筑，是黄山市城区以古村落形态保留至今的唯一区域，也是绝版的城市历史演化过程真实的实物遗存。（图 2-2）

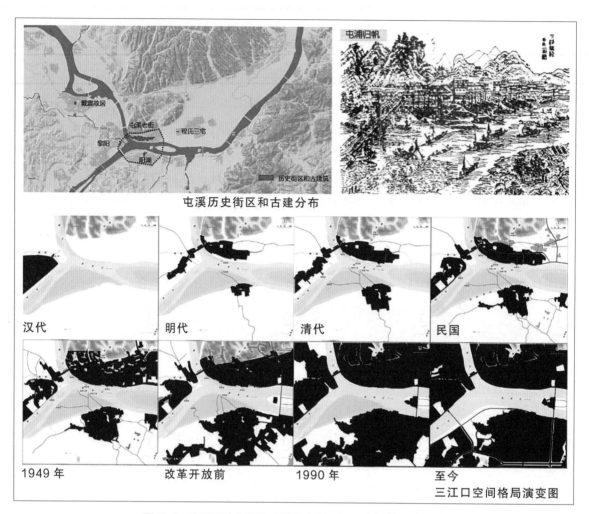

图 2-2　屯溪历史街区和古建分布及三江口空间格局演变图

2.5　上位规划要求

黄山市中心城区阳湖单元、洽阳单元控制性详细规划（2018—2030 年）。

2.5.1　规划范围

阳湖单元、洽阳单元，总面积约 2.80 km²。

阳湖单元位于中心城区江南新城片区，东至新安南路、南至徽州大道、西至西海路、北至新安江，用地面积为 1.04 km²。

洽阳单元位于中心城区江南新城片区，东至佩琅河、南至徽杭高速公路、西至新安南路、北至新安江，用地面积为 1.76 km²。

2.5.2　发展定位

文旅门户：文化展示、文化体验、旅游集散服务。市级商业中心：商业综合体、商务办公。

宜居示范：综合配套、传扬文脉。

2.5.3　空间结构

功能结构：将滨江区域打造成为旅游及综合服务带，将腹地打造为居住示范区。

交通结构：以徽州大道为依托，贯通区域内外交通网络，以新安南路为依托，连接江北片区及高速公路以南区域。

景观结构：整合提升新安江、佩琅河、朱村河及城市绿地、绿化景观系统，形成"蓝绿相间"的城市景观结构。

2.5.4 总体控制

景观视线通廊：重点是保护三镇（屯溪、黎阳、阳湖）三山（华山、稽灵山、狮子山）视线贯通。

建筑轮廓线：滨水地带建筑轮廓线，按水边至城区的方向，建筑物逐渐增高，形成多层次的天际线，滨水地带的高层建筑宜为点式，严禁连续的板式高层建筑；临山地带建筑轮廓线，结合地形由低到高，分层次展开，并在天际轮廓线上呼应山形，严禁连续的板式高层建筑；历史文化街区建筑轮廓线，依据保护规划的要求进行建筑高度管控。

生态绿化：河道两侧设置永久性生态绿地，同时设置滨水游憩设施，与城市绿道相结合，打造城市慢行系统。

建筑风貌：坚持徽派建筑特色，体现"精巧、雅致、生态、徽韵"特征，建筑色彩以白、灰色为基调，不得大面积使用红、黄、蓝、绿等艳丽色彩，不得追求"大、洋、怪"。

2.5.5 历史文化遗产保护

（1）核心保护区域总面积为 1.71 hm²，为阳湖外边溪历史文化遗产的精华部分所在，集中了主要的文物建筑、历史建筑、传统风貌建筑等历史文化资源，是保存格局最为完整、传统风貌最为突出的集中地段。保护控制要求：本次规划确定的保护性建筑，不得随意拆改；涉及上述建筑的修缮或改善工程，应根据其保护级别，履行《中华人民共和国文物保护法》《历史文化名城名镇名村保护条例》等相关法规规定的工程方案审批程序，经主管部门批准后方可实施；传统合院是该历史街区传统民居的典型形式，是街区空间结构的重要组成部分，应保护合院式民居的传统院落空间，不得随意进行搭建或放置影响院落格局特色的建（构）筑物；维护好主要街道的宽度、走向，道路一般不应当拓宽，应当利用综合措施解决交通和消防问题；修整核心保护范围内遭到破坏的传统街巷铺装形式，全面实施街区内部市政管线入地工程。

（2）建设控制地带总面积为 4.83 hm²，为保护范围除去核心保护范围的区域，具体范围东至红星路以东、南至阳湖西路、西至党校路、北至南滨江路。建设控制地带保护控制要求：应重点保护建设控制地带内的保护性建筑的本体及环境；对上述历史遗存建筑的保护、修缮工程，应当依照相关法律法规的规定，办理相关手续后方可进行；新建、改建建筑在高度、体量、色彩等方面应与街区的历史风貌相协调；对已建成的与历史风貌不协调的低层和多层建筑，在条件允许的情况下，进行循序渐进的整治或改造，逐步恢复街区的空间格局和历史环境，建筑高度控制应满足历史城区划定的建筑高度控制分区的要求。（图 2-3）

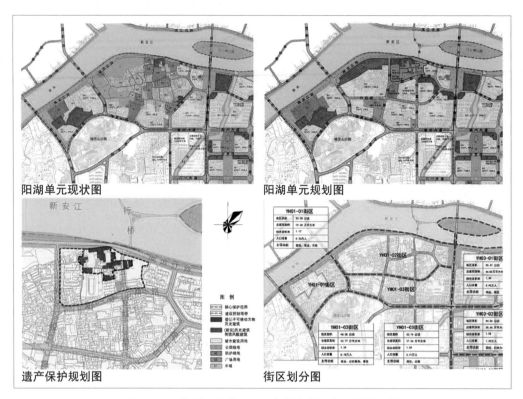

阳湖单元现状图　　　　　　阳湖单元规划图

遗产保护规划图　　　　　　街区划分图

图 2-3　阳湖单元现状及遗产保护规划、街区划分图等

3　毕业设计成果内容及图纸表达要求

3.1　图纸表达要求

　　不少于 6 张 A1 标准图纸（图纸内容要图文并茂），规划内容至少包括：区位分析图、上位规划分析图、基地现状分析图、设计构思分析图、规划结构分析图、城市设计总平面、道路交通系统分析图、绿化景观分析图、其他各项综合分析图、节点意向设计图、城市天际线、总体鸟瞰及局部透视效果图、城市设计导则等。

3.2　规划文本表达要求

　　文本内容包括文字说明（前期研究、功能定位、设计构思、功能分区、空间组织、总体布局、交通组织、环境设计、建筑意向、经济技术指标控制等内容）和图纸（至少满足图纸表达要求的内容）。

3.3　PPT 汇报文件制作要求

　　毕业答辩 PPT 汇报时间不超过 20 分钟，汇报内容至少包括区位及上位规划解析、基地现状分析、综合研究、功能定位、规划方案等内容，汇报内容应简明扼要，突出重点。

4　毕业设计时间安排表

　　请各校在制定联合毕业设计教学计划时遵照执行（表 4-1）。

表 4-1 毕业设计时间安排表

阶段	时间	地点	内容要求	形式
第一阶段：开题及调研	开题及调研，第2周（安建大），2.24～3.1	黄山	教学研讨会、基地综合调研及汇报	联合工作坊
专题讲座	2.26	黄山学院	地域特色专题讲座，联合毕业设计任务书解读	讲座
基地调研	2.26～2.27	屯溪区三江口	以大组为单位进行综合调研	"7+1"八校混编以混编大组为单位汇报交流（PPT汇报）
城市考查	2.27～2.28	传统村落考查、沿江调研		
调研汇报（周六）	2.29全天	黄山学院	汇报内容包括基本概况、现状分析、初步设想等内容	
补充调研（周日）	3.1	黄山	根据老师的点评，补充调查现状尚未了解和关注的部分	各校自定
第二阶段：城市设计方案阶段	第3～9周，3.2～4.17	各自学校	包括背景研究、区位研究、现状研究、案例研究、定位研究、方案设计等方面内容	各校自定
中期检查（周五）	第9周，4.17～4.19	安徽建筑大学	汇报内容包括综合研究、功能定位和初步方案等内容	以设计小组为单位汇报交流，PPT时间控制在15分钟以内
第三阶段：城市设计成果表达阶段	第10～14周	各自学校	包括用地布局、道路交通、绿地景观、空间形态、容量指标、城市设计等方面内容	每个学校自定
成果答辩（周五）	第15周（5.29～5.31）	待定	汇报PPT，6张A1标准图纸和1套规划文本（其中图纸包括：区位分析、基地现状分析、设计构思分析、规划结构分析、城市设计总平面、道路交通系统分析、绿化景观分析及其他各项综合分析图、节点意向设计、总体鸟瞰及局部透视效果图等	以设计小组为单位进行答辩（文本图册部分可图文并茂混排也可图文分排，打印装订格式各校自定。PPT汇报时间控制在20分钟以内

安徽 · 合肥
Anhui · Hefei

安徽建筑大学/黄山学院

指导老师：吴 强 于晓淦 张 磊 宋学友

梦里津渡 渔樵耕读——黄山屯溪区外边溪滨水地段城市设计

壹 寻迹

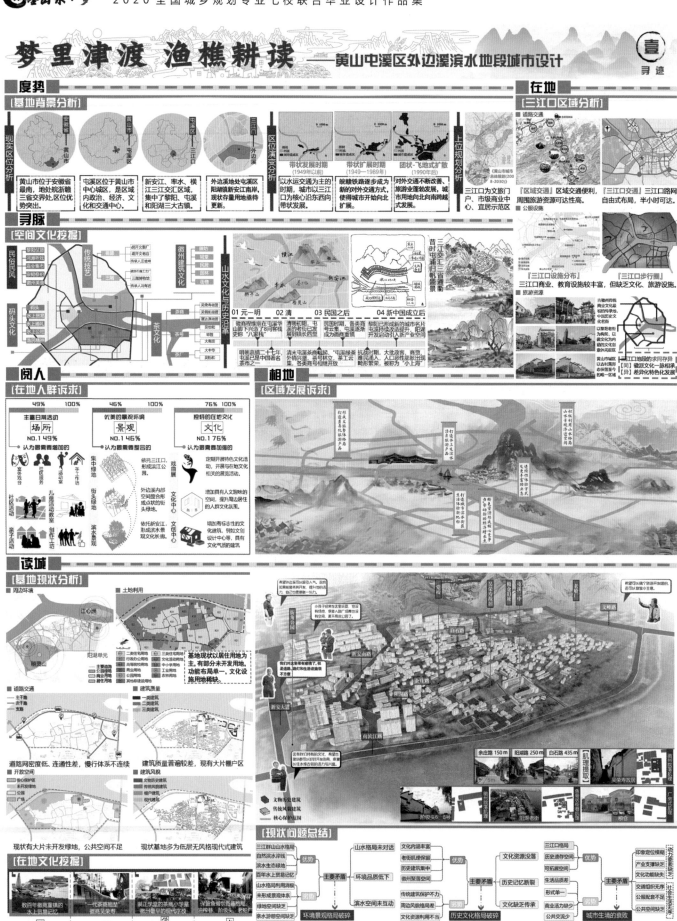

梦里津渡 渔樵耕读——黄山屯溪区外边溪滨水地段城市设计

贰
演绎

赋位

[区域定位]

宏观思考 → 核心矛盾 → 理念演绎 → 策略提出 → 终极目标

- 区域定位 → 环境衰败 → 寻梦
- 单元定位 → 生境失生 → 织梦
- 基地定位 → 文境碎裂 → 渡梦

借筑造梦之缘，织梦网，筑梦寻
→ 山水峡活 → 渡梦津渡
→ 社会激活 → 梦里津渡 渔樵耕读
→ 文化筑活

整体格局 → 提取核心要素 → 传统生活精神的时代演绎 → 中国当代文化创意生活圈

[区域定位]

文化传承 记忆重塑
屯溪老街 1.0版本
阳湖老街 黎阳in巷
最繁华 2.0版本 休闲体验 最创意

打造三江口及大徽文化村版块 及街区版块，中国徽文化创新区。屯溪老街的1.0版本，黎阳in巷2.0版本，阳湖老街3.0版本的三江口新版起来形成文化格局，外边溪地段打造成为三江口区域最复兴

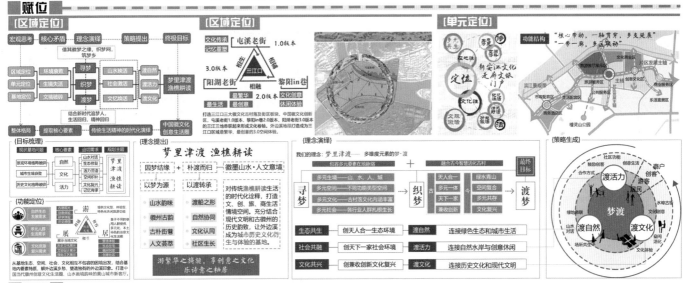

[单元定位]

"核心带动，一轴贯穿，多变延展"
"一带一廊，多区联动"

功能结构

新安江文化之府文脉门户

(目标梳理)
现状问题
- 景观环境格局破碎
- 城市生境衰败
- 历史文化格局破碎

核心要素
- 自然
- 文化
- 活力

现实需求
- 山水对话
- 生态物宜
- 活力培育
- 文化复兴
- 记忆传承

规划主题
梦里津渡 渔樵耕读

(功能定位)
游 / 展 / 居

(理念提出)
梦里津渡 渔樵耕读

因梦结缘 → 朴渡而归 → 徽墨山水·人文意境
以梦为源 / 以渡转承

- 山水韵味 → 渡船之形
- 徽州古韵 → 自然协同
- 古朴街巷 → 文化认同
- 人文荟萃 → 社区生长

湖萦华之特缘，享创意之文化
乐诗意之栖居

(理念演绎)
我们的理念：梦里津渡——多维度元素的梦·渡

包含多元要素在地融合 + 融合古今智慧活化古村

- 多生境——山水、人、城
- 多元空间——不同功能类型空间
- 多元文化——古村落文化内涵丰富
- 多元社会——各行业人群扎根生长

寻梦

- 天人合一 → 绿水青山
- 多元一体 → 空间复合
- 天下一家 → 兼收并蓄
- 兼容创新 → 文化复兴

织梦 → 渡梦 → 最终目标

- 生态共生 — 创天人合一生态环境 → 渡自然 连接绿色生态和城市生活
- 社会共融 — 创天下一家社会环境 → 渡活力 连接自然水岸与创意休闲
- 文化共兴 — 创兼收创新文化复兴 → 渡文化 连接历史文化和现代文明

(策略生成)
梦渡 / 渡活力 / 渡自然 / 渡文化

问策

渡自然

要素整合

生态环境连接·天人合一
- 生态绿道
- 滨水绿带
- 公共绿地
- 群山 水系
- 城 绿地 林

借景对象：山水城之间的问答

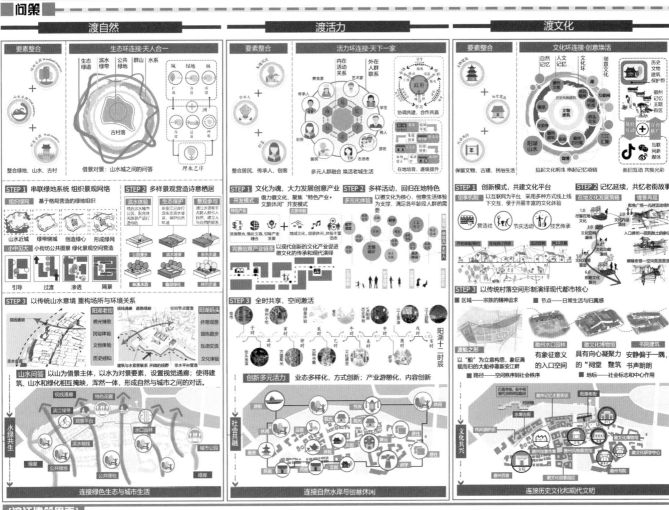

STEP 1 串联绿地系统 组织景观网络
- 组织提升网：基于格局营造的绿地组织
- 山水近水 / 绿带领城 / 创造绿心 / 形成绿网
- 小中见大 / 小街坊公共图底 绿化景观空间营造
- 引导 / 过渡 / 渗透 / 隔景

STEP 2 多样景观营造诗意栖居
- 滨水体验 / 生态体验 / 景观营造

STEP 3 以传统山水意境 重构场所与环境关系
山水问答：以山为借景主体，以水为对景要素，设置视觉通廊；使得建筑、山水和绿化相互掩映，浑然一体，形成自然与城市之间的对话。

水绿共生：连接绿色生态与城市生活

渡活力

要素整合

活力环连接·天下一家
整合居民、传承人、创客 多元人群融合 焕活老城生活

STEP 1 文化为魂，大力发展创意产业
开发模式：借力徽文化，聚集"特色产业+文旅休闲"开发模式
特色产业
完善产业链条：以现代化创新的文化产业促进徽文化的传承和现代演绎

STEP 2 多样活动，回归在地特色
多元化体验：以徽文化为核心，创意生活体验为支撑，满足各年龄段人群的需求

STEP 3 全时共享，空间激活
阳湖十二时辰

创新多元活力：业态多样化，方式创新；产业游憩化，内容创新

社会共融：连接自然水岸与创意休闲

渡文化

要素整合

文化环连接·创意焕活
- 自然记忆
- 人文记忆
保留文物、古建、民俗生活 拾起文化明珠 串起记忆链

STEP 1 创新模式，共建文化平台
咨询机制：以互联网为平台，采用多种方式线上线下交互，便于开展丰富的文化体验
营造社 / 庆典活动 / 技艺传承

STEP 2 记忆延续，共忆老街故事
情景再现
在地文化发展策略

STEP 3 以传统村落空间形制演绎现代都市核心
- 区域——宗族的精神追求
- 节点——日常生活与归属感

渡船之形：以"船"为立意构思，象征满载而归的大船停泊新江畔 有象征意义的入口空间

徽州水口园林
徽州文化博物馆
书院建筑 具有向心凝聚力的"祠堂"建筑 安静偏于一隅，书声朗朗

- 路径——空间秩序到社会秩序
- 地标——社会标志和中心作用

文化共兴：连接历史文化和现代文明

[滨江建筑界面]

徽文化博物馆 / 阳湖历史文化街区 / 徽州记忆主题街区 / 徽州文化创意市集

传统徽派建筑风貌区 / 徽而新建筑风貌区

梦里津渡 渔樵耕读 ——黄山屯溪区外边溪滨水地段城市设计

叁 传承

织梦

[设计方案总平]

1 滨江休闲绿带
2 迎宾广场
3 游客服务中心
4 民俗文化广场
5 街角公园
6 徽州家庭民宿
7 市民休闲公园
8 休闲酒吧街区
9 徽州创意集市
10 阶梯式观景平台
11 特色花圃
12 徽州记忆主题街区
13 徽州文化创意园区
14 阳湖码头
15 三江口人行桥

16 阳湖历史文化街区
17 徽州水口园林
18 徽州风物展览馆群
19 屯绿主题客栈
20 徽文化博物馆
21 400m标准跑道
22 徽州书局
23 徽文化研学中心
24 保留现状居住建筑
25 沿街商贩
26 小区会所
27 公园管理服务
28 徽文化主题公园
29 地上停车场
30 江心洲体育公园

技术经济指标

总用地面积	97.5hm²
非建设用地面积	35.5hm²
总建筑面积	48.6万m²
容积率	0.76
建筑密度	25.8%
绿地率	37.5%
停车位 地上	400个
地下	4500个

[设计说明]

规划以徽文化的全景展示和深度体验为主题，着力搭建一个徽文化企业和非物质文化遗产传承人的创业平台，不仅可以为黄山本地居民和外来游客提供优质的文化休闲体验空间，还可以保护与传承徽州非物质文化遗产。设计从宏观的场地布局、中观的空间形制、微观的建筑风貌肌理到业态的编排四个层面出发，通过将徽文化的内在精神与外在形式相融合的手法来实现文化内涵的外显转化。

释义

[系统分析图纸]

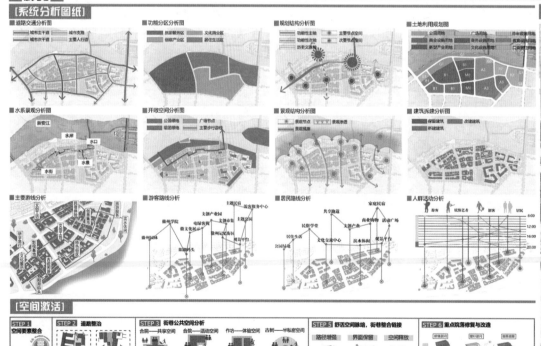

[水埠古街设计]

[空间激活]

梦里津渡 渔樵耕读——黄山屯溪区外边溪滨水地段城市设计

肆 归根

渡梦

山绕清溪水绕城，
白云璧障画难成。
处处接台藏野色，
家家灯火读书声。
——《徽州》赵师秀

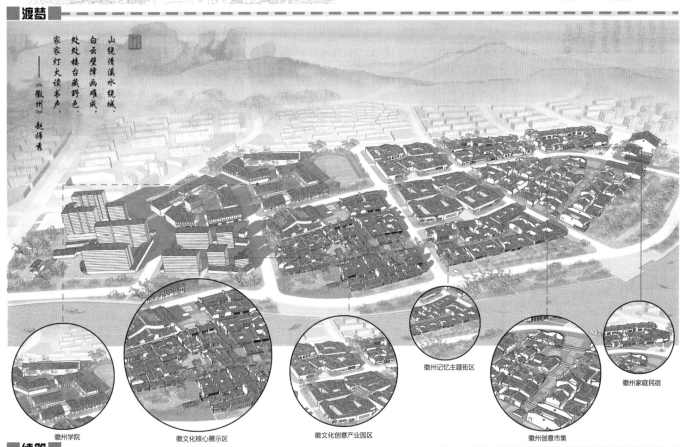

徽州记忆主题街区

徽州家庭民宿

徽州学院　　徽文化核心展示区　　徽文化创意产业园区　　徽州创意市集

续篇

[单元土地利用]

序列	代码	用地性质	面积/hm²	比例/%
1	A	公共服务设施用地	12.64	18.2
其中	A2	文化设施用地	4.77	6.8
	A3	教育设施用地	7.85	11.3
2	B1	商业设施用地	23.24	33.5
3	R2	二类居住用地	3.71	5.3
4	G1	绿地广场用地	17.99	25.9
其中	G1	公园绿地	13.09	18.9
	G2	防护绿地	4.26	6.1
	G3	广场用地	0.64	0.9
其中	S1	道路用地	11.53	17.0
	S4	新型交通用地	0.31	0.4
6	M0	新型产业用地	5.07	7.3
合计		城市建设用地	69.42	100

地块编号	用地面积	建筑密度	容积率	绿地率
A	15.4hm²	≤35%	≤1.0	≥30
B	8.5hm²	≤40%	≤1.0	≥30
C	14.0hm²	≤35%	≤1.6	≥30
D	6.6hm²	≤25%	≤2.0	≥40

地块编号	建筑限高	用地类型	可兼容	备注
A	30m	B1 G1 G3	R2 A2	地标
B	15m	B1 G1	B1 A2	地标
C	30m	M0 A3 G1	B1	—
D	45m	R2 G1 S42	B1	—

[建筑风貌引导]

建筑风貌总体目标：体现徽文化的传承，与自然山水相融，整体清新雅致，统一和谐而又不失变化。
主导色彩选择：阳湖老街及其风貌协调区传承徽派建筑传统，建筑色彩以黑白灰为主，局部可采用土石色实现"城市建筑驻于山水之中"的效果。
点缀色：采用低彩度色系，与主导色彩融合。

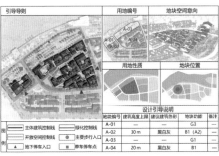

引导导则｜用地编号｜地块空间意向｜用地性质｜地块位置

设计引导说明

地块编号	建筑高度上限	建议建筑色彩	地块功能	备注
A-01			G3	
A-02	30 m	黑白灰	B1 (A2)	
A-03			G1	
A-04	20 m	黑白灰	B1	

图例：主体建筑控制线　绿化控制线　开放空间控制线　主要步行入口　地下停车入口　单车停车点

引导导则｜用地编号｜地块空间意向｜用地性质｜地块位置

设计引导说明

地块编号	建筑高度上限	建议建筑色彩	地块功能	备注
A-05	20 m	黑白灰	B1(R2)	
A-06	20 m	黑白灰	B1(R2)	

图例：主体建筑控制线　绿化控制线　开放空间控制线　主要步行入口　地下停车入口　单车停车点

引导导则｜用地编号｜地块空间意向｜用地性质｜地块位置

设计引导说明

地块编号	建筑高度上限	建议建筑色彩	地块功能	备注
B-01			G1	
B-02	12 m	黑白灰	M0(B1)	
B-03			G1(G3)	
B-04	15 m	黑白灰	A2(B1)	

图例：主体建筑控制线　绿化控制线　开放空间控制线　主要步行入口　地下停车入口　单车停车点

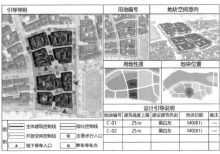

引导导则｜用地编号｜地块空间意向｜用地性质｜地块位置

设计引导说明

地块编号	建筑高度上限	建议建筑色彩	地块功能	备注
C-01	25 m	黑白灰	M0(B1)	
C-02	15 m	黑白灰	M0(B1)	

图例：主体建筑控制线　绿化控制线　开放空间控制线　主要步行入口　地下停车入口　单车停车点

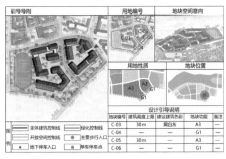

引导导则｜用地编号｜地块空间意向｜用地性质｜地块位置

设计引导说明

地块编号	建筑高度上限	建议建筑色彩	地块功能	备注
C-03	30 m	黑白灰	A3	
C-04	30 m	黑白灰	G1	
C-05	30 m	黑白灰	G1	
C-06			A3	

图例：主体建筑控制线　绿化控制线　开放空间控制线　主要步行入口　地下停车入口　单车停车点

引导导则｜用地编号｜地块空间意向｜用地性质｜地块位置

设计引导说明

地块编号	建筑高度上限	建议建筑色彩	地块功能	备注
D-01	30 m	黑白灰	R2	
D-02	45 m	黑白灰	R2	
D-03			G1	
D-04			S42	

图例：主体建筑控制线　绿化控制线　开放空间控制线　主要步行入口　地下停车入口　单车停车点

徽墨人家·写意山水

徽墨山水·梦

黄山屯溪区外边溪滨水地段城市设计
HUANGSHAN TUNXI DISTRICT WAIBIANXI WATERFRONT SECTION URBAN DESIGN

课题背景

本次设计地段是安徽省黄山市外边溪地段，位于中心城区江南新城片区，现状功能以居住为主，有少量文化与商业用地。规划用地面积为1.04 km²，城市设计地块面积为50 hm²。

上位规划解读

城市性质：现代国际旅游城市；自然与文化遗产资源聚集地；皖浙赣交界区域中心城市。

启示：本地块紧邻新安江，北面正对屯溪老街，西面正对黎阳in巷，自身具备丰富的人文资源与景观潜力，具有较高的区域优势与发展潜力。

保护规划：分为核心保护范围和建设控制地带。核心保护范围集中了主要的文物建筑、历史建筑、传统风貌建筑等历史文化资源，是保存格局最为完整，传统风貌最为突出的集中地段。

启示：考虑到基地内丰富的历史文化资源，应在保护核心地块的同时控制周边地带的建设容量与风貌。

城市意象感知

建筑文脉
徽派建筑

建筑空间组成形式以院落、天井构成空间形态，尤以天井为主。其中值得注意的是徽州园林建筑，以自由式的布局穿插在园林中，宛如自成一体。

自然景观

水资源

黄山市应水而生，也应水而兴，水是黄山的灵魂。虽然昔日靠水的运输功能在今日已有所衰退，但依旧是黄山市重要的精神与文明财富。

人文历史
商贾并重

徽州男儿不贾则商，具有矢志不渝的开拓精神，是徽州重要的精神遗产。
移民文化

古徽州接纳四方文化，这种吸纳精神让古徽州在时代发展中独占鳌头。

风俗习惯
戏曲文化

黄山戏曲文化丰富，其中以徽剧为最，是重要的精神文化财富。

民俗习惯

黄山市的很多民俗仍很鲜活地保留在传说、歌谣、节庆活动中等。

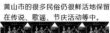

黄　山　名　片

区位主体环境分析

基地位于黄山市老城区，位于三江交汇处，自然地理优势较大。规划地块毗邻新安江，是阳湖历史老街所在地，历史悠久，具有大量的历史与人文景观要素。

城市文化特质：名山秀水处、徽州文化源、生态宜居地、国际旅游城

基地主体特质分析

震海桥：震海桥是黄山市新安江两岸一所极具历史意义的桥梁，是三江口历史时空变迁的见证者，但两岸风貌并未考虑与其的协调关系。

稽灵山：稽灵山海拔约55m，与基地毗邻，地处基地西南侧，景观资源丰富，但现状建设与稽灵山的衔接关系尚不明显，有待开发。

现状民居

现状民居：基地北边有成片的现状民居，房屋建设于20世纪，风格为徽派与现代砖混相结合，建筑质量整体上较差，功能上以居住和小商业为主。

阳湖老街

阳湖老街：阳湖老街为黄山市唯一一处古民居形态保留的历史建筑，为黄山市城市发展史的绝版历史遗存。

基地周边空间分析

SITE 104 ha
A.屯溪老街　B.黎阳in巷　C.江心洲　D.新安江

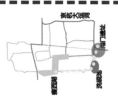

小结
1）基地周边历史资源丰富，是三江口历史文化见证与传承的空间所在。
2）基地周边旅游资源丰富，是黄山市旅游系统的重要承载地与国际旅游城市品牌塑造地。
3）基地周边山水景观丰富，是名副其实的自然山水宝地，对于现代写意山水城市的打造具有极大优势。

文峰桥　三江口　江心洲

震海桥：震海桥是黄山市新安江两岸……

文峰桥：文峰桥是一座景观桥，桥梁建设时选择融合古朴意蕴和现代交通功能于一体的廊桥型结构，是一张展示古徽州历史文脉的名片。

三江口：三江口之名是由横江、率水以及新安江三者交汇而得，三江口周边由数座山体环抱，是景观资源绝佳之所，是周边城市建设的天然资源优势所在。

江心洲：江心洲是三江口往东的一处船型小岛，岛上只进行了局部的建设，整体上呈现待开发的状态，是周边城市进行开发建设所不得不考虑的一处景观要素。

新安大桥：新安大桥始建于明嘉靖十五年，后经翻修后成为新安江南北岸的重要车行联系方式，但桥身架在江心洲上，一定程度上阻碍了城市景观。

特质总结
1.阳湖单元是具备三江口时空见证的承载空间。
2.阳湖单元是具备徽州民居历史文化传承与见证的空间。
3.阳湖单元是具备将自然山水与人文相结合的空间。
4.阳湖单元是具备打造国际旅游城市品牌的空间。

基地现状分析

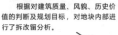

根据对建筑质量、风貌、历史价值的判断及规划目标，对地块内部进行了拆改留分析。

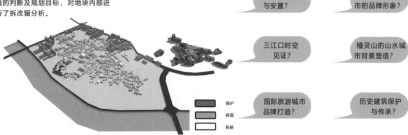

保护　保留　拆除

现状民居的拆迁与安置？　黄山国际旅游城市的品牌形象？
三江口时空见证？　稽灵山的山水城市背景塑造？
国际旅游城市品牌打造？　历史建筑保护与传承？

设计核心问题总结

问题一：阳湖单元的山水轮廓线如何塑造？
问题二：三江口地块的时空见证如何体现？
问题三：阳湖单元的历史文化见证与传承如何体现？
问题四：阳湖单元需要怎样的功能定位？

历史文化　古运河　地域特色　—传承与创新→　老城中心／滨水活动岸线／历史文化传承平台／水陆旅游路径　→　社会融合，多元共生

SWOT分析

优势分析
1. 区位条件：位于老城区南门重要门户空间，南门外街重要的历史遗存和文化要素。
2. 交通条件：周边交通便利，可达性强。
3. 资源条件：北侧具有南门遗址博物馆，东侧依托大运河景观风光，西侧与荷花池隔路相望，自然资源丰富。

劣势分析
1. 品牌效应：文化与景点资源丰富但与老城间配置欠不大，需提振高品质知名度；
2. 交通问题：基地部交通的可达性较差；
3. 基地内部公共空间与基础设施缺乏；
4. 传统特色缺失：原有的历史精神上的享受，热衷于游宾体验历史古迹遗存和自然风光。

机遇分析
1. 作为古今时空交会的空间，是新城与老城之间重要的门户空间，门户之间；
2. 基地周边有大量的优势旅游资源，形成集聚效应；
3. 人们对旅游越发注重精神上的享受，热衷于游宾体验历史古迹遗存和自然风光及传统文化的保护与开发。

挑战分析
1. 基地内部的原居民的拆迁安置与城市功能上的矛盾；
2. 把握基地各种文化要素原真性的复原以及传承与创新都是本次改造的关键；
3. 该地段的活力在于如何协调地块的空间形态与肌理特征并建立公共活动空间。

前期分析框架

018

徽墨人家·写意山水

徽墨山水·梦

黄山屯溪区外边溪滨水地段城市设计
HUANGSHAN TUNXI DISTRICT WAIBIANXI WATERFRONT SECTION URBAN DESIGN

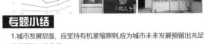

专题研究

1.三江口空间演变

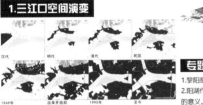

汉代　明代　清代　民国
1949年　改革开放前　1990年　至今

专题小结

1.黎阳是三江口文化最早的起源地，有重要意义。
2.阳湖作为最后发展的地块，具有历史见证与传承的意义。

2.突发事件带来的专业思考

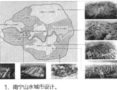

专题小结

1.国内城镇化速率放缓，人口还在向东集聚。
2.300万以下城市人口落户政策放开，但流动人口愿落户城市多是在500万以上城市。

专题小结

1.城市发展层面，应坚持有机紧缩原则，应为城市未来发展预留出充足且优质的公共空间。
2.社区治理层面，要通过资源下放，提升基层应对突发事件的能力。

3.滨水岸线塑造

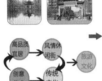

价值提升：将滨水资源引入基地内部，由此来提升地块的价值。

两街夹一河　码头　亲水步道　水上平台
一街一河　桥　架空步道　亲水步道
内街与河平行　水门

专题小结

1.坚持显山露水原则，视线廊道的建立。
2.灵活运用滨水活力资源。

4.山水城市理念

专题小结

1.南宁山水城市设计。
2.舒城玲珑山庄设计。

物质层面　精神层面

背景关系　融合关系　山水画　山水诗词
……　……　园林艺术　……

空间推导

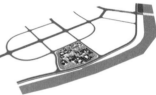

（1）对重要历史建筑遗存、文化进行保护和梳理

（2）对历史路径与街巷格局、建筑遗址空间进行整合

（3）恢复历史路径与街巷格局、遗址空间

（4）进行核心空间的建筑设计，提升城市空间品质

（5）安排商业地块功能空间，体现国际性

设计定位

设计目标

目标定位：对基地内历史文化遗存建筑、街巷空间、人文场所进行有效的保护、整治、更新，将地块打造成具有历史文化传承的、具备现代山水写意韵味的国际旅游城市。

高品质宜居　风情休闲街　旅游文化
创意艺术　传统文化

设计框架

Step1 前期调研　Step2 策划　Step3 方案

主题解析

城池闲梦

城池　运河

（1）"闲"：过去的历史上其功能主要是满足百姓生活的需求。现在的南门外街，经过整治、改造后，其功能向休闲旅游文化目标功能转变。

乡愁一脉

城池　运河

（2）"脉"：今古文化传承的文脉，古今一脉。
乡愁一脉：将过去历史的记忆，文脉与现代文化融合与发展，在南门外街这条线性的历史的街道空间中展现一个体现生态、人文、富有活力的南门外街旅游之地。
①指南门线性历史。
具有地域特色　各种要素资源汇集

设计理念

1.融合共生——水融、街融、人融

（1）水绿交融
①环境融合，历史街区活动融入运河。
②文化融合，徽州传统文化、市民文化与码头文化等融合。

（2）街的古今交融
①保护阳湖老街并延续其肌理。
②滨水第一界面体现见证与传承。
③通过水系营造水口水滨宅院的韵味，联系古今。

（3）旅游与健康交融
①仿古街区营造大生态公园，将旅游文化与健康交融。
②通过底层架空和屋顶花园的方式，增加旅游中的交流体验空间。

方案构筑

2.保护与传承

古今传承与创新角度下对场所内文脉的保护与利用，城市旅游休闲场所塑造。

见证性　传承性　创新性

3.地块活力提升

活力因子分析　活力因子植入　活力因子组

4.城市设计构思

以城为景　以水为脉　以街为轴

空间策略

保护与保留

保护建筑：阳湖老街等历史建筑，修旧如旧，体现其原真性。

保护建筑：基地内质量较高的住宅小区，保持其原样不动。

改造

局部改造：现状杂乱的古民居肌理梳理。

立面改造：聚落意象与徽派建筑元素。

产业分析

宏观背景　微观分析　规划方案
外部要求 + 内部条件 = 目标定位

文化：传统文化　传承　历史文脉的传承
人文：水岸开放　更新　滨水活力的注入
旅游：功能转型　创意　创新体系的发展

■ 文化展示版块　传承历史文脉、彰显地域特色　阳湖老街、周边
■ 娱乐体验版块　注入新兴活力、丰富居民生活　滨水公园、美食街
■ 创意休闲版块　引入国际旅游、吸引现代办公　文创街区、酒吧

旅游路线策划

旅游路线策划：至三江口—游新安江—过文峰桥—进创新工坊—进徽州技艺体验区—游生态游园—进徽茶交流区—游徽州文化园——参观黄山国际禅文化体验区—进入现代国际商贸区—留宿酒店区

拆迁

拆迁：拆除没有历史价值的危房。

提升

提升：核心地块的建筑设计。

徽墨人家·写意山水

徽墨山水·梦

黄山屯溪区外边溪滨水地段城市设计
HUANGSHAN TUNXI DISTRICT WAIBIANXI WATERFRONT SECTION URBAN DESIGN

总平面图

0m　60m　120m
30m　90m　150m

① 滨江生态公园　② 旅游服务综合接待区　③ 大师工作坊　④ 水口入口　⑤ 阳湖历史文化街区　⑥ 徽墨禅境文化交流中心　⑦ 京剧文化体验中心　⑧ 徽墨文化商业街区　⑨ 阳湖历史体验街区　⑩ 综合商务服务区　⑪ 徽墨禅境文化交流展示中心　⑫ 商务办公　⑬ 创意办公街区　⑭ 公寓　⑮ 禅境生态公园

方案特点

　　山川物镜、水墨物语——诗化高山流水，方案以徽州特有山水为意向，以三江口历史文化见证、传承为指引，充分运用"山、石、京胡、高山流水"意向，塑造出中国黄山国际旅游品牌传媒之所，充分展现世纪阳湖形象定位。

　　通过运用"水口、冰圳、水园、宅院"的意向来突出阳湖历史文化肌理。水脉串城，将第一界面的地块串联在一起；以历史文化见证和传承为宗旨重构城市形态，尤以城市建筑综合体的重构为主，打造一幅山水写意的画卷。

　　在"明清屯溪、唐宋黎阳"之后，提出"世纪阳湖"的口号，拟打造具有现代意象和历史韵味的阳湖片区。因此在滨水区设计中，整体上采用现代景观的几何与自由式相结合的方式，以此来体现其"世纪"性，在节点设计中使用传统徽州园林中的小品等，以此来增加其历史韵。

方案设计过程图

　　本方案主旨在于见证与传承阳湖历史空间格局，根据历史路径和重要节点空间进行设计，采用徽州民居进行围合空间在重要的滨水节点空间进行开场，与三镇滨水相互呼应。

　　将徽州冰圳、水口、水园、宅院等要素融入到方案设计中，在方案初始阶段的路网进行重新优化，并尽可能使人车分流，用冰圳将各个历史街区地段进行串联，使得各个地块得以联系。

　　在本次方案设计中，为了营造世纪阳湖这个特点，打造地标性建筑以承载此项职能，将徽州特有的山水资源融入到方案设计内，并且打造出能够承接黄山市国际旅游品牌的意向建筑。

分析图

功能分区分析

景观系统分析

节点透视图

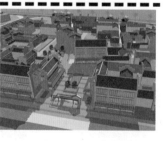

交通系统分析

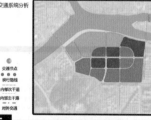
建筑高度分析

滨江见证与传承立面展示

徽墨人家·写意山水
徽墨山水·梦

黄山屯溪区外边溪滨水地段城市设计
HUANGSHAN TUNXI DISTRICT WAIBIANXI WATERFRONT SECTION URBAN DESIGN

鸟瞰图

徽墨山水·梦——独唱京味禅境魂,墨向丹青写意来。
云空立坛,满把激越读徽州,禅精揽起研徽墨。情深深、意悠悠、行切切、山川蒸腾、风月同天。飞春继夜走时空,只为那,徽墨山水·梦——梦,尘缘苦陡,叹人间路长,怎忍我,漫笔书怀负经年,枉对浙江清河卷;梦,登临远望,着山水迷离,情随心梦一路奔,怎堪那,执手浊酒泪眼飞梦,徽墨山水,风随禅起,亦真亦幻难取舍,象亦无象情随雪;任凭墨向丹心,问寻南来北往——松迎天下客,禅立三江口。外边溪群丹青墨,独唱京味禅境魂,风掠须发白。

世纪阳湖塑造

1 意向建筑写意山水

1.1设计手稿

1.2展示与分析

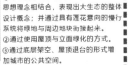

高山流水
山下人家
京胡

2 特质性空间表达

①重要节点空间的建筑形态
通过组合建筑的方式,营造一幅现代写意山水的城市界面。
②城市整体轮廓线的塑造
通过不同界面高层建筑的组合,在建筑轮廓线上体现不同层次与形态的山水界面。
③景观节点
对地块内的不同景观节点运用传统徽州园林的设计思想。

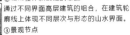 

①绿地设计将徽州园林与现代园林的思想理念相结合,表现出大生态的整体设计概念;并通过具有莲花意向的慢行系统将绿地与周边地块衔接起来。
②通过使用屋顶与立面绿化的方式。
③通过底层架空、屋顶退台的形式增加城市的公共空间。

禅境:主体建筑命名为安徽省禅文化艺术交流中心。通过建筑的山形写意,与玻璃形成的流水感,形成一幅高山流水人家的空间写意山水画。
知音:主体建筑西边为安徽省京剧文化交流中心,通过西边的山水意象与具有京胡意象的构筑物结合,宛如一句镌刻在自然山水空间中的诗句:"高山流水知音难觅"。

①阳湖单元靠近新安江第一界面地块,整体打造传统聚落风貌。
②阳湖历史建筑朝黎阳片区的方向,呈现见证—传承—创新的地块建筑风貌。
见证:建筑肌理延续传统徽派聚落的形式,建筑风格与历史建筑保持一致。
传承:建筑风格与历史建筑保持一致,但肌理不再延续传统聚落形式,而是有所变化。
创新:地块的建筑肌理与风貌都在徽派建筑与聚落的基础上有所创新。

3 城市设计图则

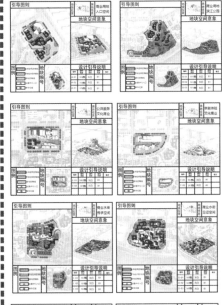

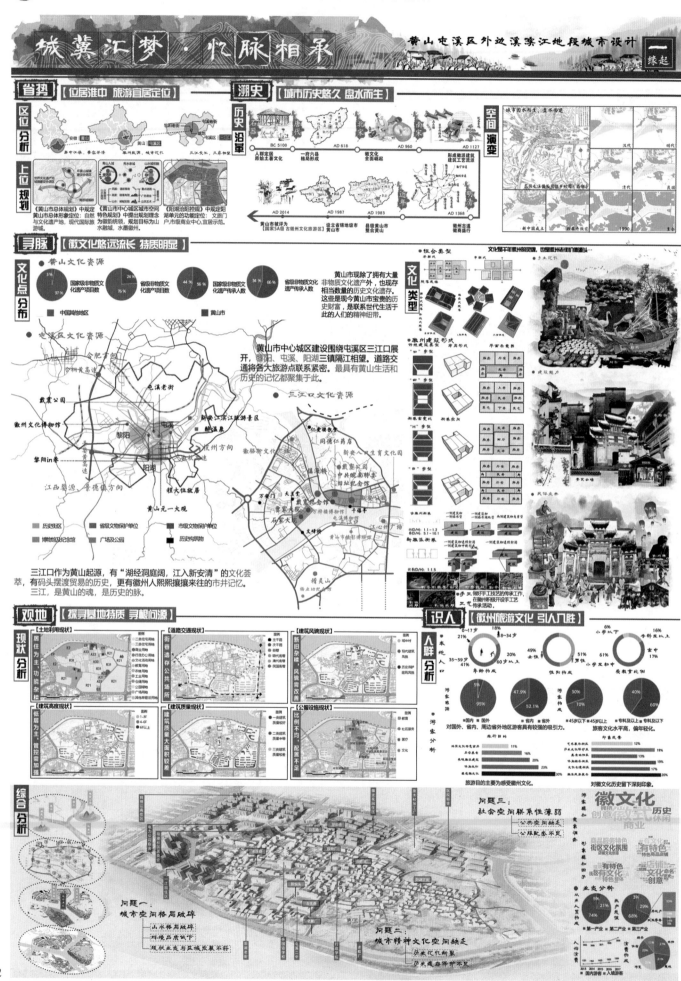

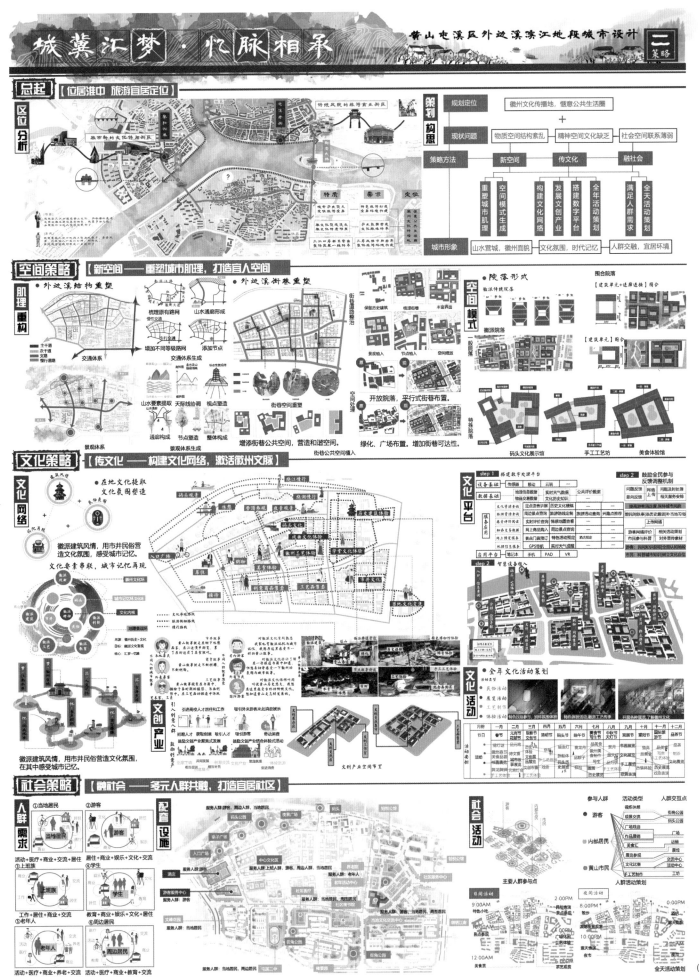

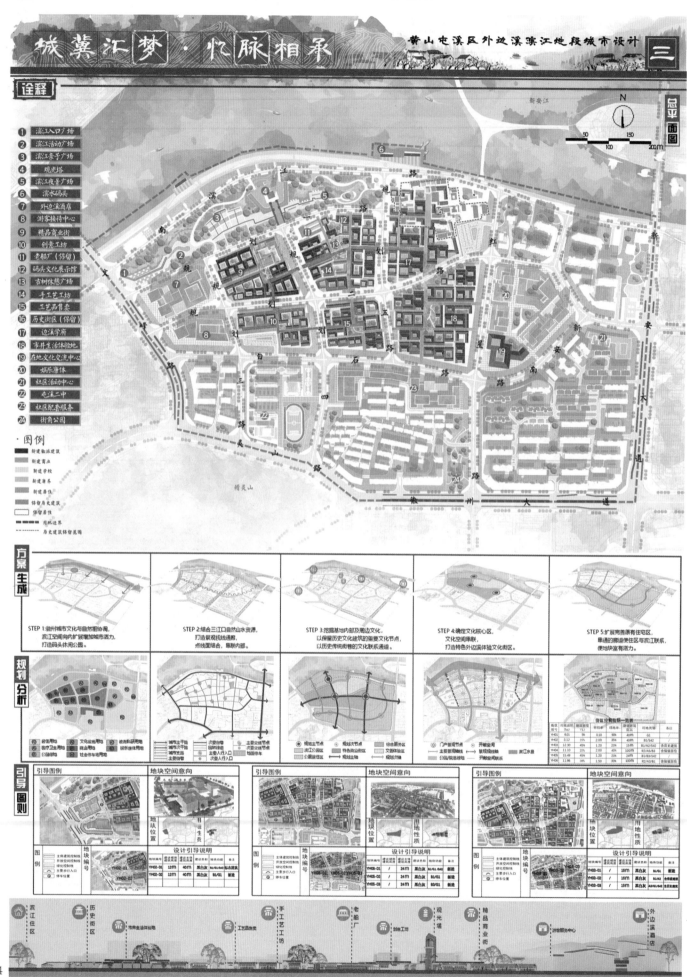

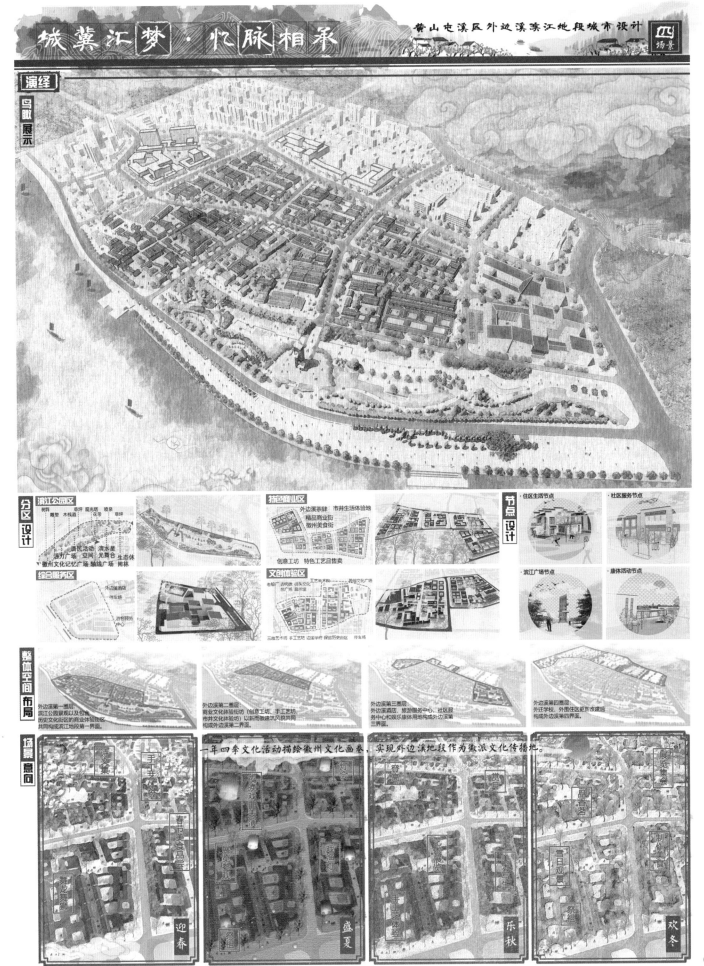

城冀江梦·忆脉相承

黄山屯溪区外边溪滨江地段城市设计

四场景

2020
黄山屯溪区外边溪滨水地段城市设计
HUANGSHAN TUNXI DISTRICT WAIBIANXI WATERFRONT SECTION URBAN DESIGN

徽墨山水·梦——

松迎天下 京魂禅境

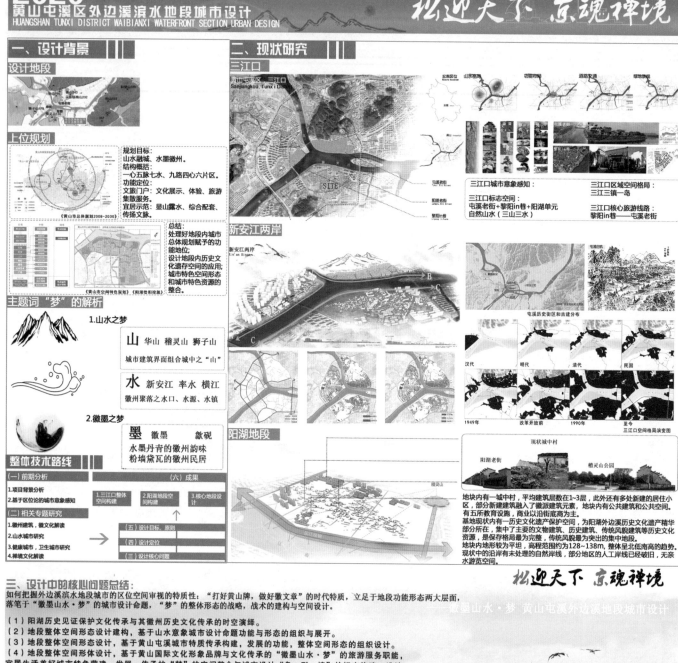

一、设计背景

设计地段

上位规划

规划目标：
山水融城、水墨徽州。
结构概括：
一心五脉七水、九路四心六片区。
功能定位：
文旅门户：文化展示、体验、旅游、集散服务。
宜居示范：显山露水、综合配套、传场文脉。
《黄山市总体规划2008~2030》

总结：
处理好地段内城市总体规划赋予的功能地位；
设计地段内历史文化遗存空间的应用；
城市特色空间形态和城市特色资源的整合。
《黄山市空间特色架构》《阳湖控制规划》

主题词"梦"的解析

1.山水之梦

山 华山 稽灵山 狮子山
城市建筑界面组合城中之"山"

水 新安江 率水 横江
徽州聚落之水口、水源、水镇

2.徽墨之梦

墨 徽墨 歙砚
水墨丹青的徽州韵味
粉墙黛瓦的徽州民居

整体技术路线

（一）前期分析
1.项目背景分析
2.基于区位论的城市意象感知

（二）相关专题研究
1.徽州建筑、徽文化解读
2.山水城市研究
3.健康城市、卫生城市研究
4.禅境文化解读

（六）成果
1.三江口整体空间构建
2.阳湖地段空间构建
3.核心地段设计

（五）设计目标、原则
（四）设计定位
（三）设计核心问题

二、现状研究

三江口
Sanjiangkou, Tunxi District

三江口城市意象感知：
三江口标志空间：
屯溪老街+黎阳in巷+阳湖单元
自然山水（三山三水）

三江口区域空间格局：
三江三镇一岛
三江口核心旅游线路：
黎阳in巷——屯溪老街

新安江两岸
Xin'an River

屯溪历史街区和古建分布

汉代　明代　清代　民国

1949年　改革开放前　1990年　至今
三江口空间格局演变图

阳湖地段

现状城中村
阳湖老街　稽灵山公园

地块内有一城中村，平均建筑层数在1~3层，此外还有多处新建的居住小区，部分新建建筑融入了徽派建筑元素，地块内有公共建筑和公共空间。有五所教育设施，商业以沿街底商为主。
基地现状内有一历史文化遗产保护空间，为阳湖外边溪历史文化遗产精华部分所在，集中了主要的文物建筑、历史建筑、传统风貌建筑等历史文化资源，是保存格局最为完整、传统风貌最为突出的集中地段。
地块内地形较为平坦，高程范围约为128~138m，整体呈北低南高的趋势。
现状的沿岸有未处理的自然岸线，部分地区的人工岸线已经破旧，无亲水游览空间。

松迎天下 京魂禅境

徽墨山水·梦 黄山屯溪外边溪地段城市设计

三、设计中的核心问题总结：

如何把握外边溪滨水地段城市的区位空间审视的特质性："打好黄山牌，做好徽文章"的时代特质，立足于地段功能形态两大层面，落笔于"徽墨山水·梦"的城市设计命题，"梦"的整体形态的战略、战术的建构与空间设计。

（1）阳湖历史见证保护文化传承与其徽州历史文化传承的时空演绎。
（2）地段整体空间形态设计建构，基于山水意象城市设计命题功能与形态的组织与展开。
（3）地段整体空间形态设计，基于黄山屯溪城市特质传承构建，发展的功能，整体空间形态的组织设计。
（4）地段整体空间形体设计，基于黄山国际文化形象品牌与文化传承的"徽墨山水·梦"的旅游服务职能，宜居生活美好城市特色营建、发展、传承的"梦"的空间整合与城市设计"象、形、境"的标志构建、设计。

2020
黄山屯溪区外边溪滨水地段城市设计
HUANGSHAN TUNXI DISTRICT WAIBIANXI WATERFRONT SECTION URBAN DESIGN

徽墨山水·梦——

松迎天下 京魂禅境

松迎天下 京魂禅境

鸟瞰效果图

一、三江口整体空间构筑

整体城市设计架构

三镇功能定位调整

汉唐黎阳	溯源	汉代	黎阳地区设计定位：汉唐黎阳 功能服务：旅游服务、观光体验 街巷空间：体验式街区 建筑风貌：汉唐建筑风貌
明清老街	溯源	明代	老街地区设计定位：明清老街 功能服务：旅游服务、餐饮美食 街巷空间：体验式街区 建筑风貌：徽派建筑风貌
世纪阳湖	溯源	现代	黎阳地区设计定位：世纪阳湖 功能服务：综合接待、文化交流 建筑风貌：多种风貌融合

依据现状建设情况以及初步设计构想，将三江口区域划分为四大功能区。
1.宜居生活组团
2.特色文游组团
3.娱乐康体组团
4.核心发展组团

依托三江三山三镇的城市格局，以徽韵徽风为主要基调；构建山水秀丽，具有独特徽州韵味的山水意象城市——名山秀水、雅韵徽州

二、阳湖地段空间构筑

规划目标与功能定位

黄山徽墨禅境 文化艺术交流中心

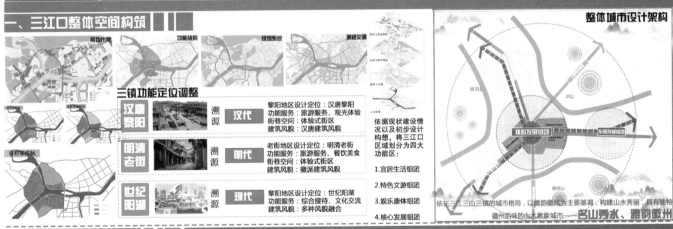

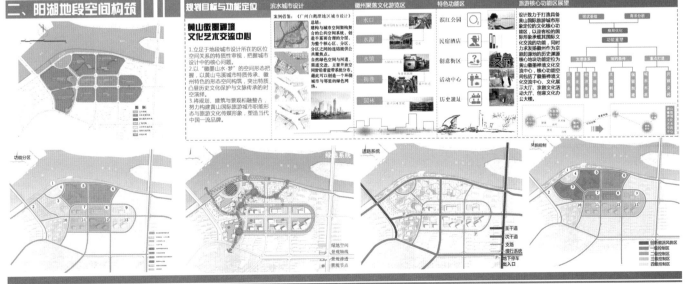

2020 黄山屯溪区外边溪滨水地段城市设计
HUANGSHAN TUNXI DISTRICT WAIBIANXI WATERFRONT SECTION URBAN DESIGN

核心地块详细方案设计

设计范围

设计充分考虑黄山特质文化，借用迎客松形式，通过建筑的组合，来打造山水意象，突出的是高山流水。

借用国画写意手法，用简单的横竖线条，在建筑立面上营造叠石、水迹线，给人一种似是山水而又高于山水的哲思。

理性层面上，考虑地价、标志空间等因素，突破了限高，采取的是一种建筑综合体和城市建筑综合体结合的空间组织方式。

意象构建

松形意象
+
山水意象
+
山庄意象
+
国画写意

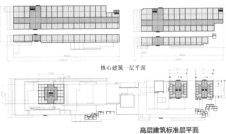

核心建筑 一层平面

高层建筑标准层平面

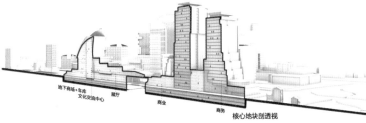

地下商场+车库　文化交流中心　展厅　　商业　　商务　　核心地块剖透视

核心地块剖面

建筑立面

整体效果

松迎天下 京魂禅境
—徽墨山水·梦 黄山屯溪外边溪地段城市设计

设计致力于打造具备黄山国际旅游城市形象定位的文化核心功能区，以迎客松的国际形象承载其国际文化交流的功能，同时力求发扬徽州作为京剧起源地的历史渊源。

核心地块功能定位为黄山徽墨禅境文化交流中心，核心功能空间包括了徽墨禅境文化交流中心、文化展示大厅、京剧文化活动大厅、创意文化办公楼。

北京
Beijing

北京建筑大学

指导老师：张忠国　苏　毅

共生街区 /032

赵安晨　郑　彤　罗　茜

博古承今 /036

王兆宇　孔吉宁　谷嘉锋

共生街区——基于多元主体空间权益再分配的城市设计构想

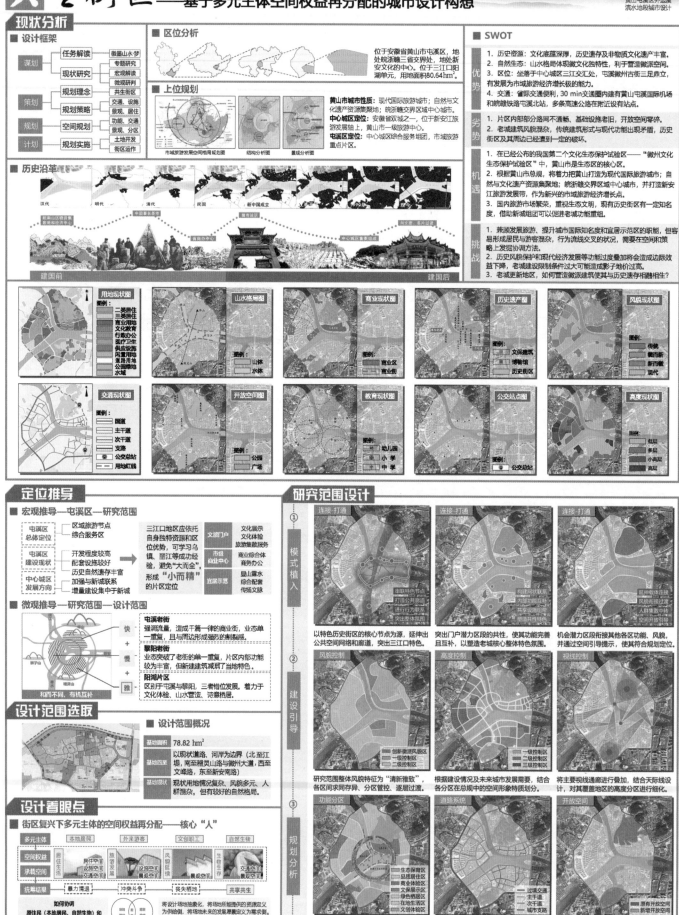

共生街区——基于多元主体空间权益再分配的城市设计构想

徽墨山水·梦
黄山屯溪区外边溪
滨水地段城市设计

供需分析

交通空间

■ 土地使用——供给侧/需求侧

供给侧：
设计范围内现状交通用地面积共3hm²左右，干道网密度不高；交通微循环阻塞；人车混行隐患大；静态交通相对匮乏；公共交通出行较为便利。

需求侧：
梳理干道网、打通断头路，促进交通网络；增加人车分流、完善交通体系，考虑多元人群停车需求；加强沿街空间设计。

增加路网密度和慢行交通体系，静态交通完善

■ 环境风貌——供给侧/需求侧

供给侧：
沿街立面设计不佳；街区肌理尚未得到充分表达。

需求侧：
增加人的景观性交通廊道，根据梳理出的干道网以及现状路网有序规划出支路，对建筑进行规整，保证沿街立面的流畅性和美观性。

加强沿街风貌设计，提升对街的块化性

■ 使用主体——供给侧/需求侧

原住民为主，中小学和干部学装等教育设施带来潮汐人流。

考虑多元群体的交通流线交叉与分离

■ 社会活力——供给侧/需求侧

沿街立面的杂乱、人车混行的隐患不利于居民散步休闲。

考虑新介入的公共空间，稀疏的商业和低效的工业设施无法提供活力释放的节点。大型公共设施为核心，小型邻里街坊作针灸，绿色基础设施为线索。

立体交通、生态廊道等串联节点，促进交流

设施空间

■ 土地使用——供给侧/需求侧

供给侧：
教育用地占比较大；文化、商业用地较少且品质较差；工业、仓储用地与城市定位、场地区位不匹配。

需求侧：
教育用地整合外迁；文化用地提升用地比例，进行空间植入；商业用地占比和业态品质提升；缩小工业用地、提升用地效率。

各类设施的土地使用再调配（提升文化商业、弱化教育工业）

■ 环境风貌——供给侧/需求侧

供给侧：
封闭校园与周边边街区割裂，且建筑缺乏地块特色，新旧不一；现状商业风貌破碎与断裂，形态单一、立面破败；现存工业用地利用不符合场地特色，建筑风貌闭塞，有较大利用空间。

需求侧：
营造传统徽派和现代建筑融合的街区风貌，打造面状文化片区、线性商业街；滨江界面须考与新安江两岸的风貌协调和互联性。大型公共建筑采取新而融的街道方式上，邻里服务设施结合片区风貌和用户需求进行建筑造型，协调设施与周边的关系。

扭转单一层住现状，引入大型公建，考虑带动及无障碍设计

■ 使用主体——供给侧/需求侧

供给侧：
以原住民为主，教育类建筑吸引周边学生及培训人员。

需求侧：
产业设施的效率与本地居民生活及自然生物生存的公平协调

■ 社会活力——供给侧/需求侧

封闭式教育园区、稀缺的商业空间及低效的工业设施无法提供释放性的节点。

大型公共设施为核心，小型邻里街坊为针灸，绿色基础设施为线索。

大型节点、小型邻里、绿色设施的网络化设计

景观空间

■ 土地使用——供给侧/需求侧

供给侧：
总体绿地较多，但利用程度不高，缺乏小尺度绿化。

需求侧：
景观空间梳理成网络，促进地块内外产生交流。

外部
对现状绿地进行影响增强开发，街区内部置入绿色节点，考虑共享与自享空间。

■ 环境风貌——供给侧/需求侧

内部
空间零散
利用效率低

外部
地址北部临新安江、南部临稽源江与滨江界面缺乏统筹，历史与现代冲突感强烈。

需求侧：
口岸绿地为主，你鲵码头与天际线设计

■ 使用主体——供给侧/需求侧

原民+部分周边居民+本地自然生物+游客+员工

使用空间利用率的同时，协调共享景观与私密环境的关系。

■ 社会活力——供给侧/需求侧

空间利用程度单一，使用人群单一，景观活动场地缺少活力。

提升节点可达性、提升环境品质，促进多元人群和自然共享

居住空间

■ 土地使用——供给侧/需求侧

供给侧：
设计范围内现状居住用地面积40.7hm²，三类居住用地比差距较大，居住品质有待提升。

在保持现状二类用地的基础上分区改善三类用地。
西侧：结合滨江山水格局和业态，改造住性的居住建筑，发展融合性住区。
东部：结合现代化居住完善生活品质，提升用地功能用地。

在延续徽州传统风貌的基础上，三类居住用地整合，进行内部提升。

■ 环境风貌——供给侧/需求侧

现代小区与城中村割裂强烈，以学校为界、东西地可予利差异。

整体风貌
协调现代小区与城中村的新旧风貌的融合，人与自然的共生

建筑风貌
住区内置入文化分区进行新旧风貌的融合，以满足不同群体需要

分层次对现代住区及城中村的风貌进行改善，各美其美，美美与共

■ 使用主体——供给侧/需求侧

现状以原住民为主，人群结构单一，老龄化和谐

延续街区生活，原住民保持率≥60%，并且活化社区结构

通过社区规划和政策调整，引导外来人群的置入与本地融合

■ 社会活力——供给侧/需求侧

较为单一的人口、破败的居住环境，造成街区活力的下降。

提升住区公共性及公共交流空间，进行社会共享

设计理念

交流——异质人群的合体共生

是从根源上对文化层面、社会层面、空间层面不同起源、不同状态、不同价值观的认同与包容。

共栖——人与自然的和谐共生

强调城市生态系统之平衡，如自然界物种之共生与动态平衡，应将自然融入城市设计之中。

共荣——历史与现代的有机共生

体现城市发展过程中的风貌继承与创新，不刻意泯灭历史的同时也不强调一味的复古，尊重历史。

■ 供给侧现状汇总

交通	土地使用：场地内缺乏干道网密度高；交通微循环阻塞；人车混行；静态交通设施欠缺。
	环境风貌：沿街立面设计不佳；街区肌理尚未得到充分表达。
设施	土地使用：教育用地占比大比例分割地块；交通微循环差，对瞬时通勤产生大负担；沿街立面的杂乱、人车混行的隐患未利于居民散步休闲。
	环境风貌：教育用地占比大且分割地块，无法满足本地居民生活需求；工业、仓储用地与城市定位、场地区位不匹配。
景观	土地使用：绿化地较多，缺乏利用；交通微循环差，地块内部连通性差。
	环境风貌：地址北部新安江，南部临稽源江与滨江界面缺乏统筹，历史与现代冲突感强烈；其景观较为单一、不规则，未形成体系。
居住	土地使用：设计范围内现状居住用地面积共40.7hm²，其中三类居住用地品质有待提升。
	环境风貌：现代小区与城中村产生割裂隔离，与周边城中村小区存在较大公共服务差异，封闭社区、门禁式的制度进一步割裂了人为的割裂；以学校为界的割裂导致东西两侧有所差异，西侧以一些居民居住为主，家庭居住与现代住区东西界部分有所区隔。

■ 供需差值分析结论

供需差值根据场地地域性具体路径各异，其中包含交通问题，设施、居住等各类问题的应对路径，结合本次设计的普遍而多元的群体及其空间问题，在促进优化业态重组、空间重置和人群差异的同时，以不同空间的人群差异为切入点，形成策略库，指导设计。

绿色先行，优化生态基地 → 修复水网系统，联络景观网络 / 修复生态功能，链络G网 / 修复边缘景观，链络居民导向

需求整合，优化生态服务 → 链补服务网络，打造示范线路 / 激活绿色边缘，布置生活图层

众创同乐，共享绿色生活 → 植入生态产业，提供就业机会

补足短板，激发经济活力 → 基础空间为先，激发社区活力 / 生活圈图层增补，设施均衡覆盖 / 街区层图优化，促进共建共享

业态康复，促进社群融合 → 存量城市更新，平衡公平效率 / 试行市集重现，确保原住行公/促进多元共生，提升群体活力

评价借鉴，保留遗产资源 → Step01指导设计地生成
功能植入，多元文化复合 → Step02确定策略主导方向
风貌统筹，加强高度设计 → Step03基于策略库提取核心功能 / Step04空间落实及机制设计

方案生成逻辑

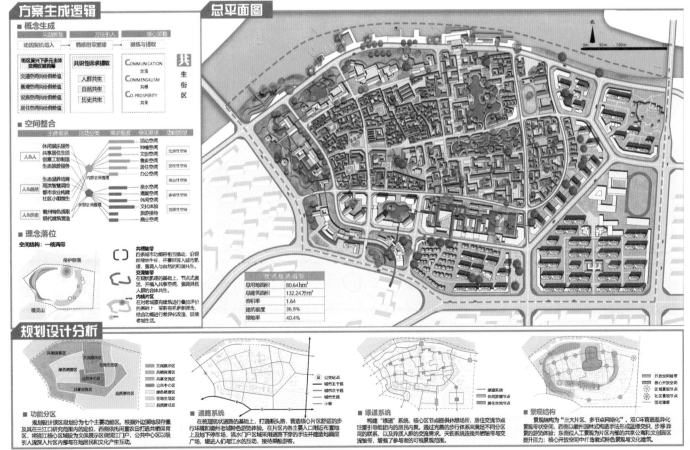

■ 概念生成

| 问题预设 | 方法引入 | 核心提取 |

■ 空间整合

■ 理念落位

空间结构：一核两带

共栖带
四条城市主廊带相互链接，沿绿廊构建伙伴关系，并攀绕城市肌理，强调人与自然的初步融合。

交流带
在交通规整的基础上，节点式激活，并植入共享空间，强调异质人群的融合关系。

内核住区
在交界道路重建的基础上进行增价的植入，采取扣补片改造，结合增补区作置差异化改造，延续老旧生活。

总平面图

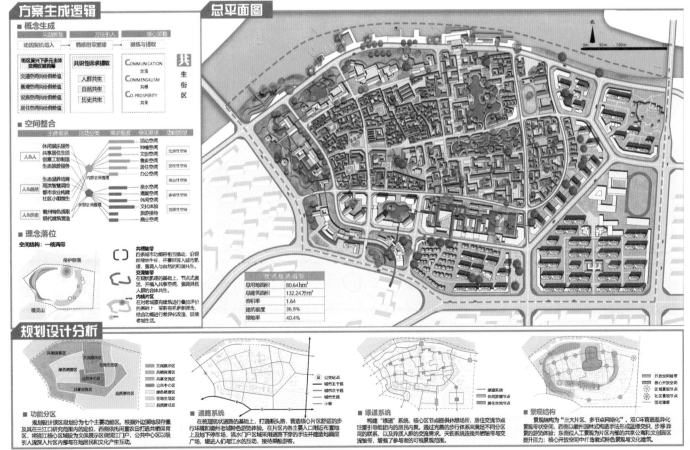

技术经济指标	
总用地面积	80.64hm²
总建筑面积	132.24万m²
容积率	1.64
建筑密度	36.9%
绿地率	40.4%

规划设计分析

■ 功能分区

规划设计该区域划分为七个主要功能。根据滨水边缘及各要素及其在三江口研究范围的定位，西部依托滨鲵农田打造共栖居育片区，引人流深入片区内部在地展民俗和文化进行互动。

■ 道路系统

在重理现状道路体系的基础上，打通断头路，营造核心片区舒适的步行环境和道路的老城特色游览体验。在片区内含主要人口均匀分布景观广场，增加人们与江水的互动，接待货物运输。

■ 绿道系统

以"绿道"系统，核心节点提供休憩场所，居民交流节点注重引导相邻的便民场所。通过完善的步行体系重塑不同的空间的网络联系，以及异质人群的交流需求。天街系统链接共栖廊带与各交流脉络，增强了参考者的可视景观范围。

■ 景观结构

景观结构为"三大片区、多节点网络化"，双环绿差异景观带。东侧以徽州园林术建连接手法打造成连续文脉，步移异景的景观脉络；东侧以人文氛围为主打造共栖廊带片区提升活力；核心开放空间打造镜像式特色景观与文化建筑。

共生街区——基于多元主体空间权益再分配的城市设计构想

鸟瞰图

规划之策略

■ 人群共生策略

设施共享

生活圈模式设施布局　共享公寓与RBD底商　社区医院

多元路径串联设施　共享办公建筑　街区会客厅

空间共享

广场自主升降设施营造多元共享空间　天街系统

绿道系统

都市家具自由拼接，匹配分时化空间需求　道路系统

社群共生

居民自活动　一般街组更新　共生街区

业态重组空间重塑　共享理念

原住民　原住民　新介入群体

社区圈　社区圈　新介入群体

交流线　交流线　交流线

■ 自然共生策略

本底保护

step03物种共生　step02生物多样性保护　step01生态保护

海绵城市理念的应用

场地现状绿化的保护　生物多样性保护　水净化循环系统

场地滨水空间的保护

网络构建

区域山水格局构建　绿街系统设计

滨水设计

软硬岸线塑造　沿岸立面设计　传承古码头意象

■ 历史共生策略

风貌协调

保护范围划定

徽州十景提取　徽州十景植入

屯溪区非物质文化遗产整理

业态修复

旅游产业需求　街区非遗　植入业态

本地空间特色　制作体验

本地人文特色　商业购物　传统业态植入

天际线设计

第五立面协调　楼阁元素植入　共享单元建设　自然山体视廊

品质居住区　文保展示区　共享活力区　豫灵山

天际线协调设计

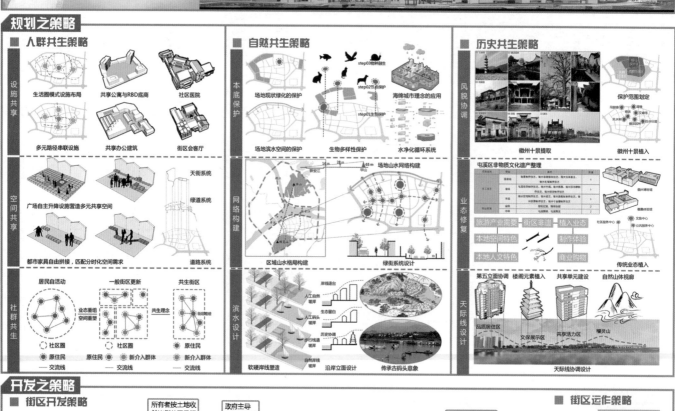

开发之策略

■ 街区开发策略

城中村存量用地　市地重划　所有者按土地收益比例共同承担更新费用　政府主导原住民为辅开发商协作　保有土地增值环境品质改善

场地现状　开发方式　开发原则　开发主体　开发模式　按照规划，将一定范围土地进行存量开发，扣除一定比例的公共设施用地及应纳的工程费用、规划费用、贷款利息等抵费地之后，按原有土地相关位次，重新分配　策略优势

公平与效率思辨　涨价归公理念　所有者拥有土地总价值在重划后不减少　避免绅士化　促进城市更新减少财政负担

■ 街区运作策略

原始资本　土地开发收转移　市地重划后土地增值　政府收改支付转移

资金收入　商业文创用地出让金　共享住宅租金　游览、文创经济

资金支出　街区维护更新

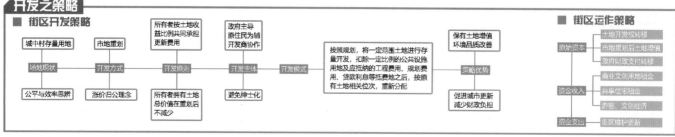

共生街区——基于多元主体空间权益再分配的城市设计构想

徽墨山水・梦
黄山屯溪区外边溪
滨水地段城市设计

文化展示+公共中心

共生策略一：特色空间植入

抓取和集聚徽州聚落中的空间原型（徽州十景），对片区的空间类型进行"平行补充"，让参观者可以在有限的空间里体验徽州地区不同种类的空间与建筑。

天井宅院
牌楼　塔　徽州园林

共生策略二：流线的交互与分离

通过地下交通进码头入户的人车分离，形成具有仪式的入口空间。
通过主、次交通流线，构建完善的步行体系，串联不同功能区，并向两侧住区和共享活力区渗透。其中主要流线为游客浏览线路，次要流线为居民生活线路，两者在节点相交融。

流线的交互与分离

共生策略三：RBD产业发展模式

RBD是指由各类纪念品商店、旅游吸引物、餐馆、小吃摊档等高度集中地，吸引大量旅游者的特定零售商业区。
其服务对象既包含了外来游客，同时也面向本地居民，提升本地居民的便利程度。
为了强调设施的生产生活性，满足游客与居民的共享，在街区开发中，采取RBD的产业发展模式。

区位图

动态分区图
流线生成图
水系规划图
景观规划图

分区平面图
建筑功能图
建筑风貌图

街区入口牌楼节点透视图　核心景观节点透视图

徽派园林节点透视图　文创园区节点透视图

共栖保育+共享交流

空间串联（地面+地上）
文化游线+空中庭院珠串连接，立体复合
自由式布置新式徽派建筑营造濒江第一界面，空中廊架提供全新视角。

梯度街接（界面塑造）
建筑度变+建筑高度由山到江，逐层递减
低密度开发保存着城市，与阳围生活区建筑共同营造沿江露台效果。

环境融合（低影响开发）
游憩设施+山水资源共生关系，有机渗透
引入水对地块进行串联、绿色交织、逐渐转化的空间将自然渗透至共栖环境。

■ 共生策略——功能与建筑

创客生活：共享公寓（居住）
为片区内部新介入人群（职工），即文创工作者及文旅工作者提供集中式高品质住宅公寓，裙楼布置社商及休闲娱乐设施。为片区内部职工提供长期住所。

创业生产：文创孵化基地
青年创业园区作为滨湖的文化创意产业组成部分，从创意创业的源头上提高区核心竞争力与活力，为文创工作者提供平台与文化氛围，为文旅体验提供技术支撑。

创新生态：水体净化系统
在片区水系中段构建人工微湿地，通过生态岛的净化作用使水体得到净化，利于营造更加宜人的亲水空间，同时提升了片区内的空间丰富性和游憩驻足的趣味性。

垂直都市农业的应用
使居民生活在一个花园环境中，高密度而灵活的住宅设计，在满足居民生活与活动需求的同时，力求构建生态友好的居住建筑片区，提高交流的可能。

承台平台
江景藏书阁
图书推排
阅海书院
空中廊架
露南文化街廊
檀灵山养老社
共享公寓内庭
文创办公门楼

檀灵山游客中心
游园空中廊架
徽墨休闲会所
文创园区长廊

绿色栖居+在地生活

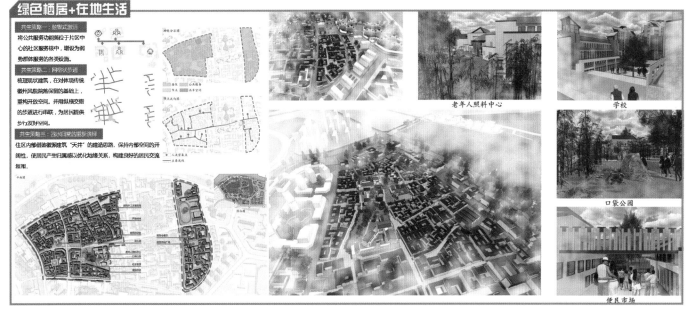

共生策略一：盘筑社区复活
将公共服务功能落位于片区中心的社区服务核中，增设为弱势群体服务的各类设施。

共生策略二：网络状步道
梳理现状网状步道，在对体现传统徽派风貌院落等的基础上，重构开放空间，并用横纵交措的步道进行串联，为居民提供步行友好的空间。

共生策略三：回水回屋路游新溪绿
住区内部借鉴徽派建筑"天井"的营造思路，保持内部空间的开敞性，使居民产生归属感以优化地缘关系，构建良好的居民交流氛围。

老年人照料中心　　学校

口袋公园

便民市场

博古承今

黄山屯溪区外边溪滨水地段城市设计
HUANGSHAN TUNXI DISTRICT WAIBIANXI WATERFRONT SECTION URBAN DESIGN

徽墨山水·梦——存量规划背景下立足本土的城市更新设计

现状研究

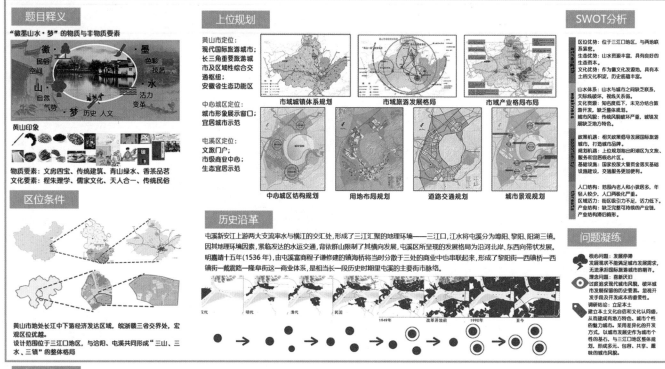

题目释义

"徽墨山水·梦"的物质与非物质要素

徽·民俗·空间·墨·色彩·技艺·山·自然·气势·梦·历史人文·活力·变革

黄山印象

物质要素：文房四宝、传统建筑、青山绿水、香茶品茗
文化要素：程朱理学、儒家文化、天人合一、传统民俗

上位规划

黄山市定位：
现代国际旅游城市；
长三角重要旅游城市及区域性综合交通枢纽；
安徽省生态功能区

中心城区定位：
城市形象展示窗口；
宜居城市示范

屯溪定位：
文旅门户；
市级商业中心；
生态宜居示范

市域城镇体系规划　市域旅游发展格局　市域产业格局布局

中心城区结构规划　用地布局规划　道路交通规划　城市景观规划

SWOT分析

区位优势：位于三江口地区，与两地联系紧密。
生态优势：山水资源丰富，具有良好的生态条件。
文化资质：作为徽文化发源地，具有本土的文化积淀，历史底蕴丰富。

山水体系：山水与城市之间缺乏联系，天际线破坏，视觉关系差。
文化资源：知名度低下，未充分结合旅游进行开发，发掘不足体现地方。
城市风貌：传统风貌破坏严重，城镇发展缺乏地方特色。

政策机遇：相关政策倡导发展国际旅游城市，打造城市品牌。
规划机遇：上位规划指出阳湖区为文旅、服务和官居核心地区。
基础设施：国家投放大量资金落实基础设施建设，交通服务更加优化。

人口结构：范围内老人和小孩居多，年轻人较少，人口两极化严重。
城市活力：街区吸引力不足，活力低下。
产业结构：缺乏完整可持续的产业链，产业结构滞后断裂。

区位条件

黄山市地处长江中下游经济发达区域，皖浙赣三省交界处，宏观区位优越。
设计范围位于三江口地区，与浴阳、屯溪共同形成"三山、三水、三镇"的整体格局。

历史沿革

屯溪新安江上游两大支流率水与横江的交汇处，形成了三江汇聚的地理环境——三江口，江水将屯溪分为埠阳、黎阳、阳湖三镇。因其地理环境因素，紧临发达的水运交通，背依群山限制了其横向发展，屯溪所呈现的发展格局为沿河北岸、东西向带状发展。明嘉靖十五年（1536年），由屯溪富商程子谦修建的镇海桥将当时分散于三处的商业中也串联起来，形成了黎阳街—西镇桥—西镇街—戴震路—隆阜直街这一商业体系，是相当长一段历史时期里屯溪的主要街市脉络。

问题凝练

核心问题：发展停滞
发展现状不能满足城市发展需求，无法承担国际旅游城市的期许。

潜在问题：喜新厌旧
过度追求现代城市风貌，破坏原有城市发展保留的历史要素。忽视开发手段及开发成本的差异性。

调研结论：立足本土
建立本土文化自信和文化认同感。从而建成有地方特色、城市个性的魅力空间。采用易于操作的开发方式，以城市更新作为城市个性的基石，与三江口地区整体规划，形成多元、包容、共享、趣味的城市风貌。

空间分析

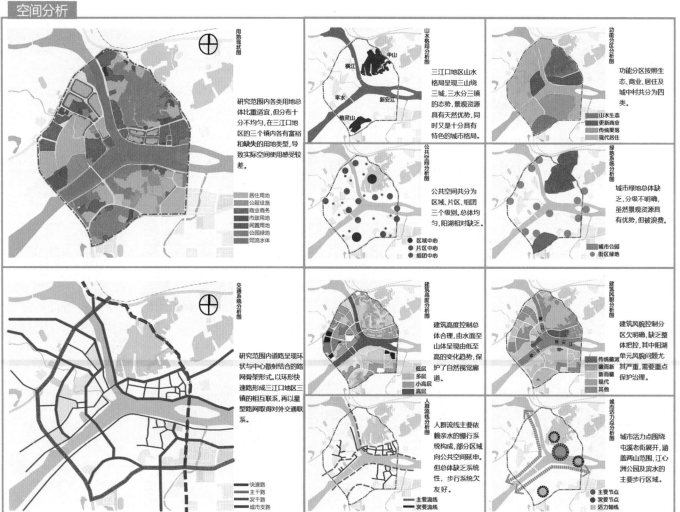

用地现状图

研究范围内各类用地总体比重适宜，但分布十分不均匀，在三江口地区的三个镇内各有富裕和缺失的用地类型，导致实际空间使用感受较差。

居住用地／公服设施／商业商务／市政用地／闲置用地／公园绿地／河流水体

山水格局分析图

三江口地区山水格局呈现三山绕三城，三水分三镇的态势，景观资源具有天然优势，同时又是十分具有特色的城市格局。

功能分区分析图

功能分区按照生态、商业、居住及城中村共分为四类。

山水生态／更新商业／传统聚落／现代居住

公共空间分析图

公共空间共分为区域、片区、组团三个级别。总体均匀，阳湖相对缺乏。

区域中心／片区中心／组团中心

绿地系统分析图

城市绿地总体缺乏，分级不明确，虽然景观资源具有优势，但被浪费。

城市公园／街区绿地

交通系统分析图

研究范围内道路呈现环状与中心散射结合的路网骨架形式。以环形快速路形成三江口地区三镇的相互联系，再以星型路网取得对外交通联系。

快速路／次干路／城市支路

建筑高度分析图

建筑高度控制总体合理，由水面至山体呈现由低至高的变化趋势，保护了自然视觉廊道。

低层／多层／小高层／高层

建筑风貌分析图

建筑风貌控制分区欠明确，缺乏整体把控，其中阳湖单元风貌问题尤其严重，需要重点保护治理。

传统徽派／徽而新／新而徽／现代／其他

人群流线分析图

人群流线主要依赖亲水的慢行系统构成，部分区向公共空间延申。但总体缺乏系统性，步行系统欠佳。

主要流线／次要流线

城市活力点分析图

城市活力点围绕屯溪老街展开，涵盖两山范围，江心洲公园与滨水的主要步行区域。

主要节点／次要节点／活力轴线

博古承今 黄山屯溪区外边溪滨水地段城市设计
HUANGSHAN TUNXI DISTRICT WAIBIANXI WATERFRONT SECTION URBAN DESIGN
徽墨山水·梦——存量规划背景下立足本土的城市更新设计

专题研究

"城中村"——特色保护视角下的城市更新

在我国当前的城市化进程中，"城中村"这一现象扮演着十分独特的角色，然而公众更多的关注点放在了它的垢病，迫切地希望以毁灭性的方式将其消亡重建，使得空间区域内的风貌格局和谐融洽，这反而是又一次城市内部区域的"翻天覆地"，"城中村"应当被视为城市有机生命体内的老化受损细胞，需要的往往是种修复而绝非是毁灭。

城中村的产生

"城中村"问题在中国的形成机制首先应当追溯其历史因素，中国从清朝末年经历几十年的战乱直到新中国成立，又由新中国成立到改革开放后的这几十年间，由于社会结构、社会性质的重大改变，生产力的迅速提升所带来的城市化建设浪潮，无疑在空间上对原本周边的乡村聚居点带来了巨大的冲击。

城中村的衰落

人口结构	• 人口低龄化、老龄化严重，缺乏生产能力 • 短租的外来务工流动人口 • "城中村"村民户籍的原住民。游手好闲，收入低，就业困难
生活方式	• 生活节奏缓慢，不适应现代城市的快节奏 • 极低频率的出行活动，卫生环境差 • 亲缘为核心的社交人脉网络，对交流交往有极大的需求，内部接触活跃
基础设施	• 路面条件较差，街巷狭窄，路网密度低，可达性差 • 给水供电不便，部分管线未入地，卫生环境差 • 教育、医疗、物流、零售设施严重缺乏，由于经济性缺乏，建设难度及运营成本均存在阻碍
社会福利	• 儿童需求的玩耍空间及设施缺乏 • 老人需求的护理、医疗及交通设施安置不足，生活缺乏便利 • 职住难以平衡，弱势群体缺乏保障体系 • 社会分异现象严重，大众心理对区域存在偏见

阳湖村更新策略

时代背景

"城中村"中的建筑人文景观所包含的历史文化价值有着更为重要的意义，在全球经济一体化的大时代背景下，外来文化的迅速入侵导致使中国的大部分大中型城市在发展轨迹上存在着惊人的雷同，原本富有浓郁地域特色的地方历史文化被不断蚕食并逐渐消亡。

老一代居民对原本城市的认知感与记忆性逐渐淡化甚至遗忘，新一代居民对于城市的历史延续则无法了解和发掘，无法从历史的维度上去看待一个城市的容貌。

历史性

黄山市屯溪区"城中村"改造具有其复杂性与特殊性，作为黄山市新安江沿岸保留相对较为完整的"城中村"片区，在古代，当地的村落围绕着一条溪水进行选址布局，其区位与新安江码头临近，随着时间的推移和发展，到了清朝年间村落发展成集镇，造就了外边溪街，街道被保留下来，向人们勾勒出古时候新安江水道的商业足迹，续延着城市的文脉。

文化名片

物质要素

黄山市的外边溪由于自身徽派建筑的特性限制，因而没有对建筑进行大规模加建。在横向空间上大多都是保留了本的街巷空间，间杂部分不同历史时期的建筑，延续了历史的岁月痕迹。

非物质要素

当地的居民在饮食、风俗习惯等等方面都继承了历史上徽州文化的浓重色彩。例如徽州地区绩溪村民烹制徽菜时重色、重味、重油，讲究工艺的特点，有酱制蔬菜的习惯，而且还会延续当地各式各样的礼仪、时节、庆典及节日。

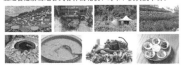

社会诊疗

"城中村"问题的解决能有效促进社会交往，优化了资源配置，又改善了人居环境，这些都与当地居民的切身利益有着紧密的联系。

设计理念

"城中村"内保留的历史气息与历史遗迹代表的是"古色"，现代都市综合体所体现的先进科技代表的是"新颜"，两者的有机结合是营造城市历史记忆感与个性化的基础。

构成城市个性化特色的重要组成因子包含两个层面，一是客观物质上的，即传统街巷、街巷、人文景观等可用视觉触觉去亲身感受的；二是徽州文化内涵，例如徽派民俗习惯、建筑的设计手法与构思理念等需要人们去思考用心感受的。

设计理念

"拼贴城市"

城市在工业化进程中饱受"煎熬"，事实上，城市规划从来就不是在一张白纸上进行的，而是在历史的记忆和渐进的城市积淀中所产生出来的城市的背景上进行的。

所以，我们的城市是不同时代的、地方的、功能的、生物的东西叠加起来的。引入"拼贴城市"这样一种城市设计方法，使用拼贴的方法把割断的历史重新连接起来，让城市保留生长的痕迹。
——威斯巴登城市拼贴

案例分析：圣·笛耶&帕尔玛城

交通：圣·笛耶城更新过程中保留了原有空间，新建道路网回避中心城区主要建筑与广场留有一定余地，选取适宜尺度构建道路系统，有效避免城市发展对现有城市建筑及空间的破坏，保护了城市历史的形象与传承。

肌理：帕尔玛城对城市特色的肌理进行保留，维护了原有的街巷空间及围合形式，保护城市原有的空间特征，避免城市开发中的同质化弊病。

案例分析：大巴黎规划

分区：巴黎规划在保留城市现状的基础上增加了路网密度和道路分级深度，将叠加后的空间依据尺度及形态变化进行拆分，形成与空间适宜的功能系统。

城市意象：慕尼黑&巴黎 Munich & Paris

慕尼黑旧城

巴黎某街区

功能补充：慕尼黑旧城更新中以保护老城全部历史为方向，综合尺度因素，在外围布置休闲服务、商业办公和户外休闲三大功能板块，延伸旧城路网用以分割。在保护老城肌理的同时补充因生活方式改变导致功能的缺失。同时延伸街巷至三大板块，形成可以易达连贯的慢性交通系统，保障设施使用率。与周边地块共享功能，保证经济性原则，吸引企业入驻，全面提升旧城活力。

功能置换：巴黎城市街区由于周边整体城市建成度较高，实施功能置换原则，更新城市中心工业区，提升街区活力。如衰败教会——博物馆，废弃工厂——文创商务或服务，工人宿舍——现代公寓的改造模式，依托现有建筑采用微更新手法置换功能，达到保护街区历史要素的同时重新激活街区的目的。

历史发展脉络

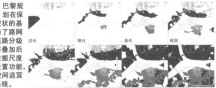

1949年   改革开放前   1990年代   至今

依据历史地图及阳湖村志，可以梳理区域发展脉络，以现存历史保护区为起点，由西向东生长，这种时序应有所体现。

肌理嬗变：古—近—今

原生肌理片区：保留全部完整肌理和空间形态，适当增添公共空间内容，补全历史风貌，增加趣味性，满足居民交往交流的需求。

当代肌理片区：即阳湖村片区，通过保留原有肌理，产生新酒旧瓶的效果，使片区肌理能够反映真实历史。微观层面对建筑本身进行修缮更新，提升居民生活品质。梳理消极空间集中改造，形成积极的公共空间。

传统嬗变片区：风貌较差且肌理杂乱的村落西部片区，保留整体街巷骨架，采取修旧补新的方式形成园林广场，利用优美环境吸引文创商务企业和年轻人进驻，带动片区快速焕发活力，成为片区增长的引爆点。同时构建现代社区环境，形成新型邻里关系，增加地块功能及实用人群多样性，避免社会分异。

博古承今　黄山屯溪区外边溪滨水地段城市设计

HUANGSHAN TUNXI DISTRICT WAIBIANXI WATERFRONT SECTION URBAN DESIGN

微墨山水·梦——存量规划背景下立足本土的城市更新设计

设计生成

轴线生成

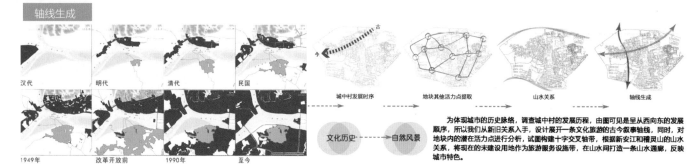

汉代　明代　清代　民国

1949年　改革开放前　1990年　至今

城中村发展时序　地块其他活力点提取　山水关系　轴线生成

文化历史　自然风景

为体现城市的历史脉络，调查城中村的发展历程，由图可见是呈从西向东的发展顺序，所以我们从新旧关系入手，设计展开一条文化旅游的古今叙事轴线，同时，对地块内的潜在活力点进行分析，试图构建十字交叉轴带，根据新安江和稽灵山的山水关系，将现在的未建设用地作为旅游服务设施带，在山水间打造一条山水通廊，反映城市特色。

分区生成

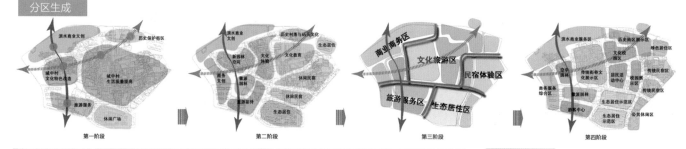

第一阶段　第二阶段　第三阶段　第四阶段

方案平面

1.滨水码头　2.历史保护街区　3.市摄影博物馆　4.古建筑研究与交流中心　5.传统技艺博物馆　6.学校　7.社区活动中心　8.文化展示　9.船厂改造的精酿酒吧　10.青年旅舍　11.徽派园林会所　12.徽派园林　13.游客中心　14.动植物博物馆　15.高新产业园　16.茶文化馆　17.笔墨书馆　18.全息影厅　19.演出广场　20.滨水商业街　21.亲水喷泉广场　22.滨水季节性步道　23.尝鲜卖场　24.生态居住区　25.休闲民宿区　26.三雕技艺博物馆　27.城市公园　28.生态居住区

方案叠加

绿地设置

建筑梳理

规划路网

功能分布

原地块

由轴线推动分区设置，第一阶段我们将地块的现状进行整理，可以看出目前空间布局和功能分布都较为单调。第二阶段根据地块内潜在活力点进行初步的功能分区，由于西侧城市道路通达性较好，所以我们将游客中心设置在地块西南角的山水轴线上，有更好的景观视野，并将东部建设较好的城中村作为民宿区，这样保证其不和文化轴线相冲突，各司其职，功能明确。第三阶段我们进行了路网布置，之后根据一级二级道路整合功能分区。

绿化和公共空间的系统的设置上，除西部的山水轴线构成了地块内最重要的绿地之外，其他街道路呈网状均匀布置，衔接各功能地块，其上设置广场节点，辅助休闲旅游定位。

方案分析

一级步行路　二级步行路

慢行交通系统分析图

一级景观节点　二级景观节点　环城景观带　滨水景观带　景观视线

绿地景观系统分析图

游客中心　民宿区　1天旅游流线　2天旅游流线第一天　2天旅游流线第二天

旅游人群流线分析图

城中村在地生活流线　住区居民流线　办公人群流线　学生流线　城中村在地生活流线

其他人群流线分析图

博古承今 黄山屯溪区外边溪滨水地段城市设计
HUANGSHAN TUNXI DISTRICT WAIBIANXI WATERFRONT SECTION URBAN DESIGN
徽墨山水·梦——存量规划背景下立足本土的城市更新设计

鸟瞰图

局部透视图

历史街区透视图　滨水码头透视图
滨水商街透视图　茶文化馆透视图
山水轴线透视图

城市天际线

构建城市滨水特色天际线，建筑高度由滨水向近山地区呈递增走势，且滨水商街采取山势起伏形态，将城市和山水融为一体。

保留住宅　修缮城中村　重建住宅　园林景观　山体　现代商务

江苏 · 苏州
Jiangsu · Suzhou

苏州科技大学

指导老师：顿明明　于　淼

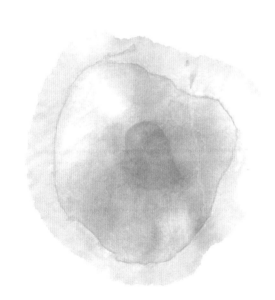

游山观水·挥墨入梦

黄山屯溪区外边溪滨水地段城市设计
HUANGSHAN TUNXI DISTRICT WAIBIANXI WATERFRONT SECTION URBAN DESIGN   壹

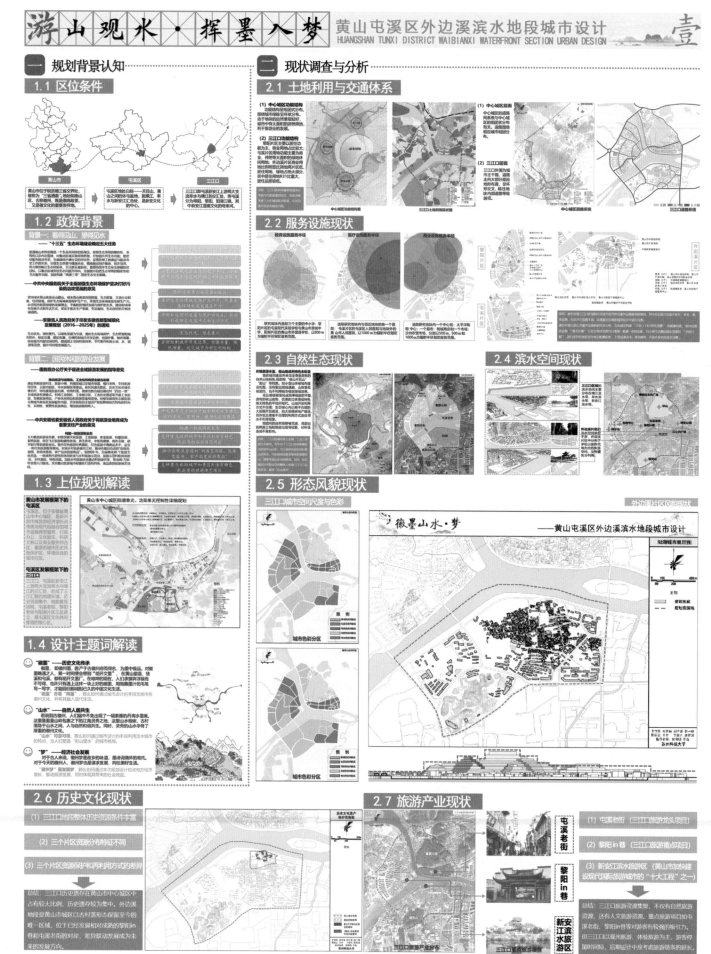

一 规划背景认知

1.1 区位条件

1.2 政策背景
背景一：看得见山，望得见水
——"十三五"生态环境建设确定五大任务

——中共中央国务院关于全面加强生态环境保护坚决打好污染防治攻坚战的意见

——安徽省人民政府关于印发安徽省旅游城镇化发展规划（2016—2025年）的通知

背景二：国民休闲旅游业发展
——国务院办公厅关于促进全域旅游发展的指导意见

——中共安徽省委安徽省人民政府关于将旅游业培育成为重要支柱产业的意见

1.3 上位规划解读
黄山市发展框架下的屯溪区

屯溪区发展框架下的三江口

1.4 设计主题词解读
"徽墨"——历史文化传承

"山水"——自然人居共生

"梦"——经济社会发展

2.6 历史文化现状
(1) 三江口地段整体历史资源条件丰富
(2) 三个片区资源分布特征不同
(3) 三个片区资源保护和再利用方式的差异

总结：三江口历史遗存在黄山市中心城区中占有较大比例，历史遗存分布广。外边溪地段是黄山地段以古村落形态保留至今的唯一区域，位于已经发展相对成熟的黎阳in巷和屯溪老街的对岸，差异联动发展成为未来的发展方向。

二 现状调查与分析

2.1 土地利用与交通体系
(1) 中心城区功能结构
(2) 三江口功能结构
(1) 中心城区路网
(2) 三江口路网

2.2 服务设施现状

2.3 自然生态现状

2.4 滨水空间现状

2.5 形态风貌现状
三江口城市空间尺度与色彩
外边溪片区风貌现状

城市色彩分区

城市色彩分区

徽墨山水·梦
——黄山屯溪区外边溪滨水地段城市设计

2.7 旅游产业现状
屯溪老街
黎阳in巷
新安江滨水旅游区

(1) 屯溪老街（三江口旅游龙头项目）
(2) 黎阳in巷（三江口旅游重点项目）
(3) 新安江滨水旅游区（黄山市加快建设成现代国际旅游城市的"十大工程"之一）

总结：三江口旅游资源集聚，不仅有自然旅游资源，还有人文旅游资源。屯溪老街、黎阳in巷对于游客有较高的吸引力。但三江口以观光旅游、体验旅游为主，游客停留时间短，后期设计中应考虑旅游客群的增长。

苏州科技大学建筑与城市规划学院   学生：王佳钰、宋天瑜   指导老师：于淼、顿明明

游山观水·挥墨入梦

黄山屯溪区外边溪滨水地段城市设计
HUANGSHAN TUNXI DISTRICT WAIBIANXI WATERFRONT SECTION URBAN DESIGN 贰

2.8 现状问题总结

	旅游产业	滨水空间	形态风貌	历史文化	自然生态	功能交通	服务设施
优势							
劣势							
总结	三江口/外边溪地段应发展长补短，策略叠加，充分利用文化优势、自然环境优势，实现经济社会的全面发展。						

3.1 黄山市旅游产业宏观分析

黄山市旅游产业发展进程

起步阶段	发展阶段（产业化）	旅游资源集聚	政策支持引导
提升阶段（国际化）		消费市场扩大	生态城市建设

黄山市旅游产业特色基础

山　水　村　文

3.2 三江口旅游产业发展现状

苏州科技大学建筑与城市规划学院　学生：王佳钰、宋天瑜　指导老师：于淼、顿明明

三 旅游专题研究

3.3 外边溪现状旅游资源及发展设想

外边溪发展旅游业SWOT分析

开发优势（strengths）	劣势与不足（weaknesses）
发展机遇（opportunities）	挑战（threats）

基于大数据的外边溪度假业发展论证

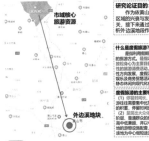

旅游市场现状
＋
外边溪发展条件

外边溪旅游业发展定位

外边溪旅游业发展定位思考

四 总体概念规划

4.1 技术路线

4.2 三江口区域愿景与定位

4.3 目标与策略建构

4.4 总体结构与片区功能定位

三江口总体结构

"一轴三带，一核三极，圈层拓展，组团共生"

区域交通组织

片区功能定位

五 地段城市设计

5.1 外边溪地段愿景与定位

外边溪地段功能定位

以黄山市旅游承接功能为主体，集生产生活、文化体验、山水观光为一体的滨水度假综合服务街区。
"打造黄山市度假旅游门户"

外边溪地段形象定位

"游在外边溪、娱在外边溪、住在外边溪"
水墨山江绘，如梦徽州游

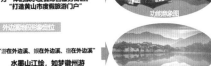

徽墨山水·梦

5.2 外边溪地段整体性设计

A地块：宜居社区板块	地块选择理由：综合考虑外边溪自然、文化的优势以及休闲度假的发展需求。
C地块：文化展示板块	
B地块：生态体验板块	
D地块：度假服务板块	

D地块

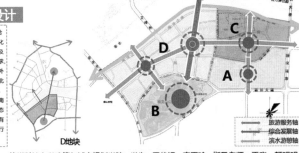

旅游服务区
综合发展轴
滨水游憩轴

游山观水·挥墨入梦

黄山屯溪区外边溪滨水地段城市设计
HUANGSHAN TUNXI DISTRICT WAIBIANXI WATERFRONT SECTION URBAN DESIGN

叁

5.3 度假区城市设计目标

度假区三大形象展示——游在外边溪、娱在外边溪、宿在外边溪

策略一：
单纯"观光型"旅游游转变为多元复合"体验型"度假

策略二：
"人文·自然"双要素结合，强调旅游模式四季节性的

策略三：
复合型发展，游与栖(长短矩度假居住结合)

策略四：
核心引领，逐步完善，循序渐进的运营建设过程

目标：打造温馨的"城市客房"

5.4 人群分类与活动需求

主要客群分析——旅游目的关键词

客群年龄分析——旅游预算与旅游时长选择

5.5 活动游线安排

七日长时游安排

七日精品游安排（目标客群：老年人、中年人；预算：2188～3650元）

第1天　黄山风景区
第2天　黄山风景区—黄山（外边溪）
第3天　黄山（外边溪）—一新景区
第4天　黄山（外边溪）—新安江山水画廊风景区
第5天　黄山（外边溪）
第6天　黄山（外边溪）
第7天　宏村

三日旅游游安排

三日旅游游安排（目标客群：青年人、儿童；预算：980～1680元）

第1天　黄山（外边溪）
第2天　黄山（外边溪）—黄山风景区
第3天　黄山风景区

交通工具选择

5.6 功能分区及空间结构

空间结构　　　主体功能区

八大主题功能区		
桃花源记	徽居再生	梦里徽味	活力慢行
温泉康体	幸福邻里	艺享水街	自在假日

5.7 业态布局与设计导则

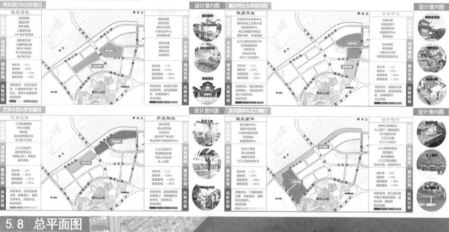

桃花源记　徽居再生&幸福邻里
艺享水街&活力慢行　温泉康体&自在假日

5.8 总平面图

新安江

总平面图

1 花田茶田
2 游园归梦
3 VR体验区
4 DIY亲子活动馆
5 徽居文化中心
6 商务宾馆
7 中李溪文化体验中心
8 黄山市博物馆博物馆
9 徽韵表演中心
10 徽州特色工艺美术馆
11 幸福小区
12 民宿商街
13 IMAX影城
14 工艺创客基地
15 游客接待中心
16 新安江游艇码头
17 水上Taxi点
18 小桥林溪家滋园
19 新安江大剧院
20 温泉体验社区

0　50　100　200m

空间结构分析

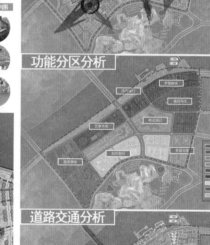

功能分区分析

道路交通分析

开发强度分析

游山观水·挥墨入梦

黄山屯溪区外边溪滨水地段城市设计
HUANGSHAN TUNXI DISTRICT WAIBIANXI WATERFRONT SECTION URBAN DESIGN

肆

5.9 设计策略

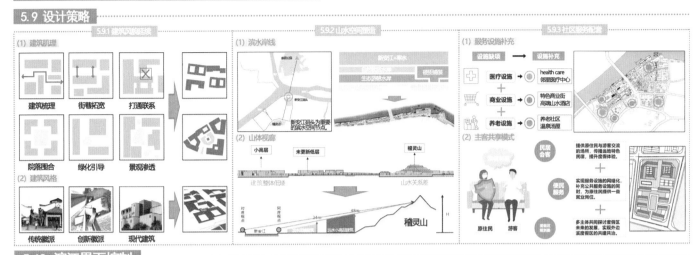

| 5.9.1 建筑风貌延续 | 5.9.2 山水空间塑造 | 5.9.3 社区服务完善 |

5.10 滨江界面控制

新安江滨江界面（自北） 率水滨江界面（自西）

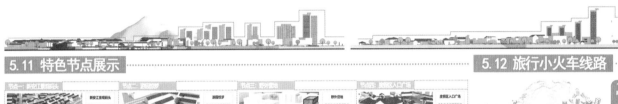

5.11 特色节点展示

5.12 旅行小火车线路

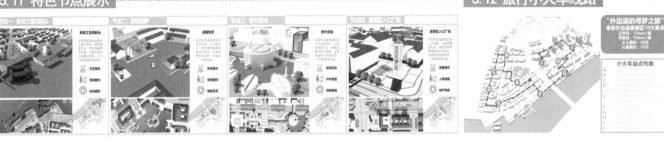

5.13 整体鸟瞰图

墨洒阳湖三江韵，粉墙山水未来荟
——黄山市屯溪区外边溪滨水地段城市设计

苏州科技大学　郑子瀚、赵一啸　指导老师：于淼、顾明明

区位分析

亚热带北缘　　受上海、杭州影响　　山水资源丰富

周边分析

枢纽　　　　　　　　山水资源

火车站

机场　　　　　　　　出入口

特色分析

山体资源　　水体资源　　森林资源

农耕文化　　徽派文化

天际线分析

低密度社区

缺乏韵律　　缺乏层次性

方案生成

疫情影响下，作为规划者的我们重新思考了未来城市的整体规划、运营、管理模式，将城市规划分为"线上云"与"线下云"两部分；通过"线上云"提高城市的运营效率，通过"线下云"强化人们在山水格局下的生活体验。

体验
离不开线下空间
＋
效率
离不开线上空间

三江口片区在公共交通上通过垂直轨道交通进行相互衔接，加强三个片区之间的联系。引入自动驾驶技术，减少私家车的数量，降低道路交通系统对城市及市民线下体验的影响。

线下云构建

低密度社区　＋　高密度社区

城市公园　＋　未来交通　　　　线下云架构

1＋1＋1＋1

高密度基础设施的关键一步是"架空"。将高架桥柱进行适度改造，在竖向交通系统和个性化菜单选择的永久性结构骨架。

高架单元的上方承载着重新组合的城市要素，如公园和社区，下方可留存原有的城市肌理，更集约地利用土地，获得更高的城市密度，传统和未来和平共处，共享共生。

这种"大拆大建"到"留旧加新"的转变也大大减少了旧建筑拆除和新建筑施工产生的建筑垃圾。

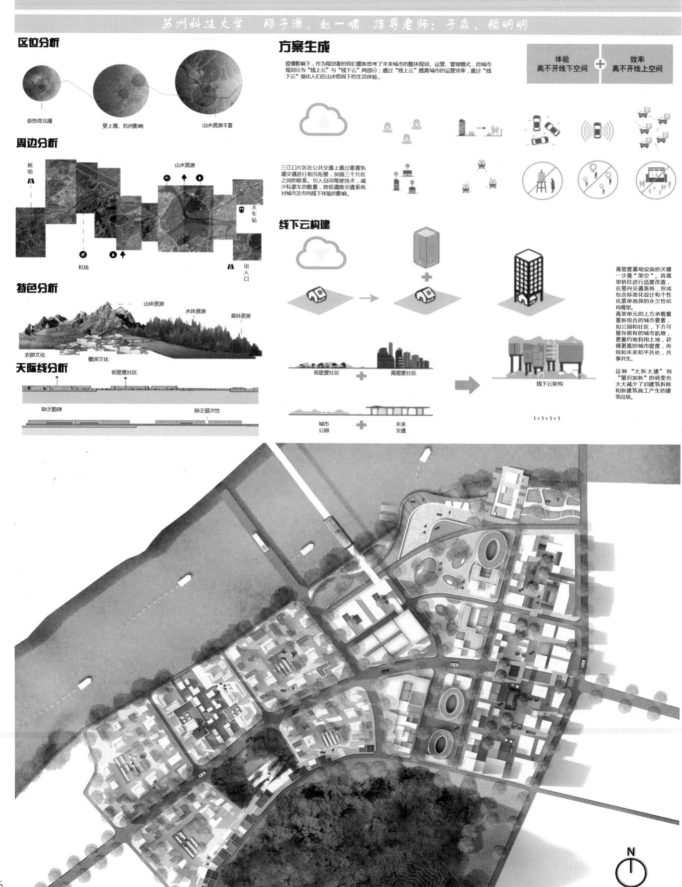

046

墨洒阳湖三江韵，粉墙山水未来答

——黄山市屯溪区外边溪滨水地段城市设计

苏州科技大学　郑子满、赵一鸣　指导老师：于淼、顾明明

徽街

· 徽街入口

· 徽街人视

· 斜街立面

· 垂直院落

· 穿穿里弄

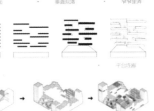

· 平台连廊

· 围合院落

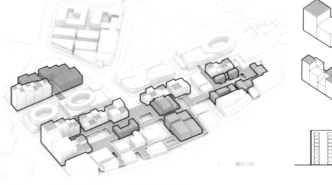

· 徽街分析

山街

以特有的连绵群山为灵感，同时将不同空间维度的山间体验融入其中，碣灵山作底，打造三江口独特的天际线。

架空建筑、山间平台，使得城市能够在竖向层面交织空间，丰富城市空间体验从而激活城市失落空间。

· 设计灵感

· 山街人视

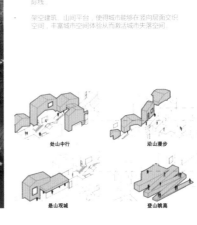

处山中行　　　沿山漫步

悬山观城　　　登山眺高

· 山街立面

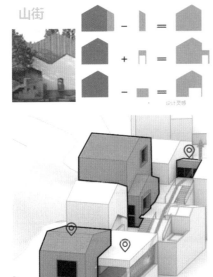

· 山街分析

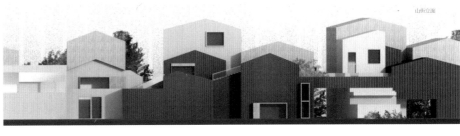

墨洒阳湖三江韵，粉墙山水未来荟

——黄山市屯溪区外边溪滨水地段城市设计

苏州科技大学　郑子涵、赵一啸　指导老师：于淼、顾明明

水街

屋顶花园　　　　　　　　　　　　　　　　　　　　　　　　　　水街人视

依托三江口得天独厚的水资源优势，将社区配套及商业设施结合生态水循环和气候调节进行设计。

利用沿河建筑退台打造视野良好的空中活动平台，结合低碳技术，将立体绿化、雨水花园等生态措施融入景观设计，打造原真野趣的自然景观。

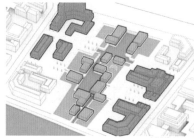

水街分析

水街夜景

农耕大棚

空中花园步廊

无人驾驶线下体验

滨水平台

渗水铺装

生态水循环

宗族共享农田

徽派宗祠建筑

观景木屋

停泊码头

利用屋顶绿化打造休闲的公共场所，同时使其成为雨水收集净化、太阳能利用、植被生长的空间载体，打造独特的绿色生态示范空间。

墨洒阳湖三江韵，粉墙山水未来答
——黄山市屯溪区外边溪滨水地段城市设计

苏州科技大学　郑子满、赵一帆　指导老师：于淼、顾明明

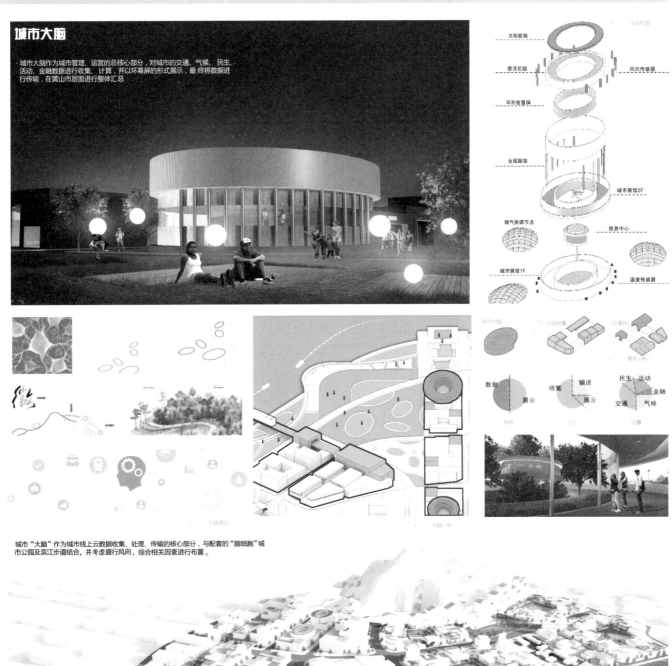

城市大脑

· 城市大脑作为城市管理、运营的总核心部分，对城市的交通、气候、民生、活动、金融数据进行收集、计算，并以环幕屏的形式展示，最终将数据进行传输，在黄山市层面进行整体汇总

城市"大脑"作为城市线上云数据收集、处理、传输的核心部分，与配套的"脑细胞"城市公园及滨江步道结合，并考虑盛行风向，综合相关因素进行布置。

山东·济南
Shandong · Jinan

山东建筑大学

指导老师：陈 朋　程 亮

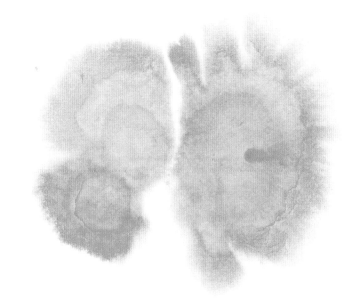

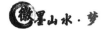

徽梦循遗 活力重塑

基于同时运动系统的
黄山市屯溪区外边溪滨水地段城市设计　**01**

场地认知

基地位于安徽省黄山市中心城区，毗邻新安江上游两大支流率水与横江的交汇处，即三江口区域。其地理位置优越，与三江口其他两岸形成了黄山市的商业核心区，具有商业发展优势；同时，又坐山望水，具有良好的生态环境条件。

黄山市特色空间规划理念
青山入城 ＋ 秀水串城 ＝ 山水城相融

基地区位
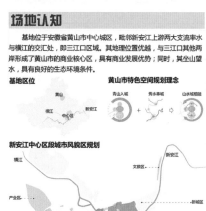

新安江中心区段城市风貌区规划

基地与周边现状情况
基地与黎阳、屯溪均属于三江口区域，构成屯溪组团。主要承担商业及旅游职能。东西南部均以居住、商业、行政办公为主，用地规模较为集中且功能混合程度低。基地周边交通满足需求，但整个三江口片区两岸缺少步行联系，不利于未来的协同发展。

场地现状
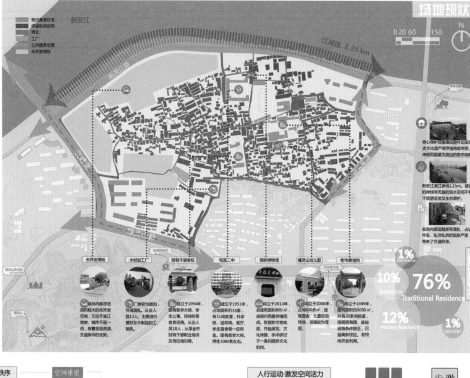

传统住宅 76% Traditional Residence
Education 10%
Modern Residence 12%
commerce 1%
INDUSTRY 1%

主题阐释

保留&新建	保留新建结合，组织空间秩序	空间重塑
道路&场地	升级区域交通，应对城市发展	
水面&陆地	加强生态保护，建设美丽中国	
历史&未来	传承文化遗产，发展体验旅游	文化重诉
线上&线下	用地多样开发，发展旅游职能	功能重组

徽梦循遗 活力重塑　同时运动系统拓展

人行运动-激发空间活力
车行运动-激发交通活力
生态运动-激发生态活力
时间活力-激发文化活力
开发活力-激发产业活力

活力振兴　山水相依　文化复兴　激发新活力发扬徽文化

空间探究
体量巨大，组织混乱，缺少活动

建筑高度
城市居民／城外游客／创业者／企业家／职员

建筑质量
保留建筑／一类建筑／二类建筑／三类建筑

建筑风格
现代高层建筑／现代坡屋顶建筑／一般民居建筑／传统徽派建筑

人群需求
需要一定的现代商业满足我的购物需求
与对岸相比，外边溪缺乏吸引人的空间
希望可以有创意创业空间来满足我们的需求
对岸的商业发展现状明显更有优势
需要更多的公共空间满足休闲需求

建筑年代久远，建筑质量较差
建筑空间组织混乱，不利于未来发展
建筑功能单一，基本上以居住为主
外部空间单调，缺乏活动场地，活力低

交通探究
人车混行，设施不足，未来挑战

客源分析 / 旅游交通方式

黄山旅游客源地		旅游交通方式	
境外	4.11%	旅游大巴	34.30%
安徽省内	33.54%	自驾游	32.38%
江浙沪	23.34%	火车	14.52%
其他省份	39.01%	高铁	12.70%
		飞机	2.94%
		其他	3.16%

体验分析

外边溪地段内部道路过窄，缺少有序组织。周边缺少公交站，乘坐公交需要较长时间步行。人车混行的情况严重，对老年人不友好。

地面交通混乱，内部交通不足
公交站规划不能满足现有需求
规划地铁站点，助力产业升级
借鉴新安江航运，打造交通微循环
基地内部人行流线不连贯，缺乏标识
车行交通混乱，人车混行严重，存在隐患
车位严重不足，交通设施设置不合理
对未来交通提出新要求

产业探究
功能分散，模式落后，活力衰退

基地周边1km范围功能分布
现状未开发用地占比：15.5%
现状居住用地占比：65.5%

新时代，新要求，新挑战，新机遇
业态类型单一，缺少有效开发
产业模式落后，亟待升级转型
周边同质化严重，需要构建特色
旅游资源丰富，但未受到重视

文化探究
文化褪色，缺乏保护，缺少活动

历史沿革
黄山市最早的聚落位于黎阳镇，后逐渐东扩至屯溪。明代形成了阳湖外边溪古村落，形成独特的"三江三山三镇"格局。

历史街区
历史遗产众多，但未得到足够重视
历史文化街区亟待保护性改造开发
缺少可承载文化活动的相关场地

生态探究
景观匮乏，生态恶劣，场地割裂

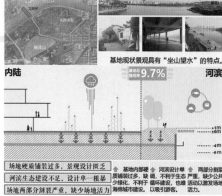

基地现状景观具有"坐山望水"的特点。

内陆　河滨

场地硬质铺装过多，景观设计匮乏
河滨生态建设不足，设计单一粗暴
场地两部分割裂严重，缺乏场地活力

徽梦循遗 活力重塑

基于同时运动系统的 **02**
黄山市屯溪区外边溪滨水地段城市设计

总平面图

重点建筑图例：
① 阳湖历史展览馆
② 徽HVR体验馆
③ 徽州诗社
④ 徽州画院
⑤ 徽州曲艺体验馆
⑥ 徽州文创工坊
⑦ 美食体验坊
⑧ 徽州会馆
⑨ 徽州酒坊
⑩ 徽州茶社

规划经济技术指标一览表
总用地面积	52.13 hm²
城市道路面积	7.00 hm²
总建筑面积	65 4600 m²
容积率	1.26
建筑密度	33.57%
平均层数	4
绿地率	25.37%
停车位数	3000个

设计分析图

现状结构分析图　　用地功能分析图　　道路交通分析图　　景观结构分析图　　更新布局分析图

更新构思

Construction 分割过大地块，打造绿化充足的街巷空间

Green 通过模块绿廊和节点空间，将绿化引入基地

Parking 利用地下空间停车，将地上空间归还使用者

Circulating 打造地下通行系统，串联地块提高交通效率

Activities 内外双管齐下，有效梳理基地整体运转秩序

同时运动系统理论

美国城市设计大师埃德蒙·N.培根在《城市设计》一书中提出同时运动理论，认为城市设计中应积极调动公共参与的可能性，提倡运动中感知三维空间，使城市空间所承载的场所作用力具有大众的心理和感情色彩，从而最终获得城市场所的认同感；而运动的空间和静止的建筑结合在一起就构成了城市形态的空间艺术。

运动城市系统 ＝ 公共空间 ＋ 建筑实体 ＋ 运动方式 ＋ 感知方式 ＋ 公共参与 ＝ 同时运动 ＝> 激发新活力 发扬徽文化

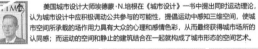

空间活力激发
建筑改造 建筑评价，对老旧建筑加以改造
空间重塑 有序增加地内的公共开放空间
功能混合 现状功能单一，进行功能混合

交通活力激发
道路改造 增加基地内部车行交通满足需求
人车分流 地内部人车分流，减少隐患
立体交通 内部交通立体化，实行地下停车

生态活力激发
岸线重塑 改造过于单调的岸线，增加趣味
绿化渗透 增加南北绿带，渗透整个基地
绿化补偿 采用屋顶绿化等形式补偿绿地

文化活力激发
历史挖掘 挖掘外边溪历史文化开予以展示
记忆提取 提取旧时记忆，打造亲民氛围
场所重现 通过空间塑造，重现历史与记忆

产业活力激发
产业混合 增加产业多样性，提高产业活力
旅游发展 以旅游游作为支柱产业带动经济
站城开发 结合轨道交通，进行商业开发

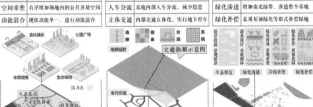

功能拆解示意图　　交通拆解示意图　　生态拆解示意图　　文化空间示意图

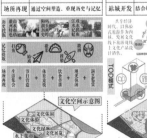

公交站点

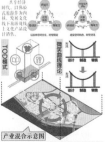

TOD模式　　产业混合示意图

徽梦循遗 活力重塑

基于同时运动系统的
黄山市屯溪区外边溪滨水地段城市设计 **03**

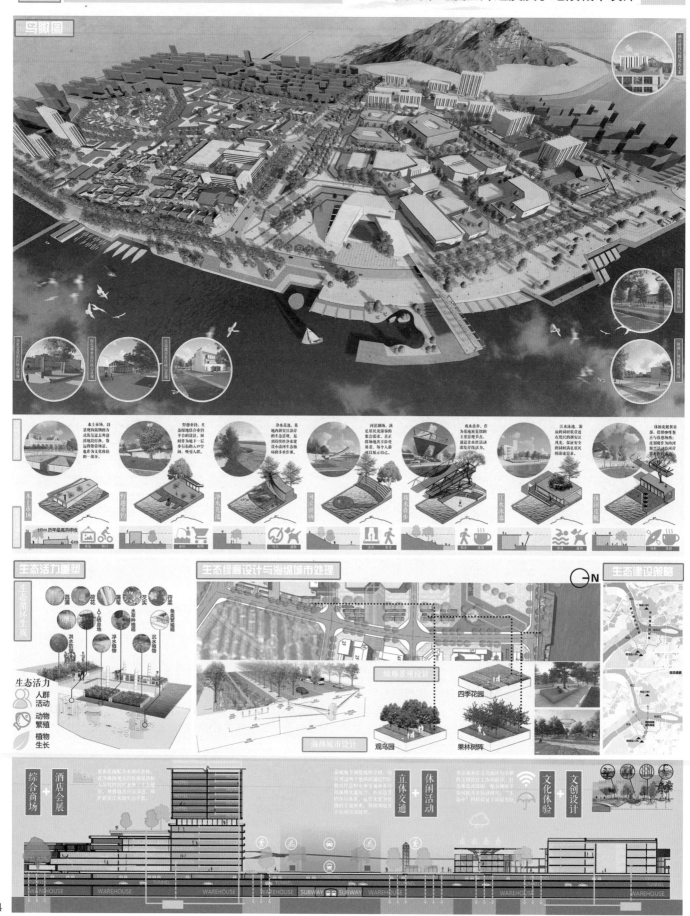

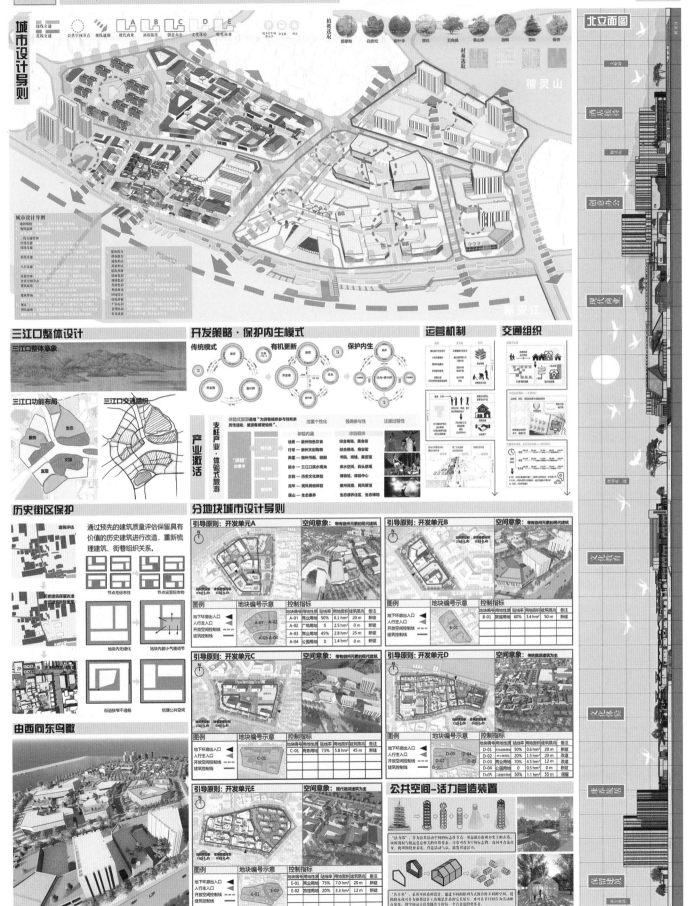

激活·传承·共生　黄山屯溪区外边溪滨水地段城市设计　01

HUANGSHAN TUNXI DISTRICT WAIBIANXI WATERFRONT SECTION URBAN DESIGN

规划背景分析

历史沿革背景

历史

汉代
三江口最早的聚落位于黎阳镇，东汉时期是一个小渔村。

明代
明代东扩至屯溪，屯溪古为徽商重镇，因茶商兴。

清代
清代向东发展形成屯溪街，同时，南部阳湖逐渐扩张。

民国
民国初期成为徽商重镇，抗战时期人口膨胀至 20 万。

1949
新中国成立之初城区建设绕三江口，老街为代表性建筑。

1990
中心城区快速拓展，三江口用地受限，开始向外跳跃。

2020
存在少量未利用土地，整体用地布局的结构基本定型。

未来

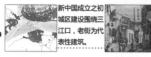

相关规划背景

黄山市总体规划(2006~2030)

·屯溪区是旅游发展一级服务基地，位于新安江旅游发展轴上，是南群旅游系统的中心。
·屯溪区功能定位：传统与现代相结合的城市金融商贸服务、办公、文化、科教及商业综合服务区。

阳湖·外边溪单元控制性详细规划

发展定位：
1.文旅门户：文化展示、体验、旅游集散服务；
2.市级商业中心：商业综合体、商务办公；
3.宜山示范：显山露水、综合配套、传扬文脉。

黄山市城市商业网点布局专项规划

建设要求：
1.将三江口区域规划成唯一个市级商业中心；
2.符合现代国际旅游城市的要求，以国际旅游商贸服务基地建设为重点，统筹商业发展。

区域发展背景

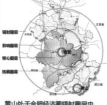
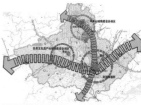

黄山市市地处皖浙赣接合部，毗邻长三角经济圈，将发挥其经济高地功能。

合肥经济圈处于皖中，是长三角与中西部扩散的阵地，将形成长三角西端次级经济圈核心。

黄山处于合肥经济圈辐射圈层内，需积极加强与在交通和产业上的联系，促进经济发展。

屯溪区是黄山市中心城区，位于新安江城市发展轴上，是黄山市整体空间结构和经济发展的核心，黄山市积极建设的核心区。

旅游产业背景

■ 旅游资源

黄山市旅游资源丰富，集中在黄山区、歙县、屯溪区等

屯溪区旅游资源集中在三江沿岸，向下游展开

三江口旅游资源集中在新安江北岸、西岸的老街和黎阳

■ 产业发展　旅游业发展基础良好，发展态势强劲，但旅游业消费体系有待提升

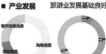

黄山市游客消费构成　　黄山市产业构成　　屯溪区三产各行业增加值　　屯溪区旅游业在三产比重

现状特征分析

功能特征分析

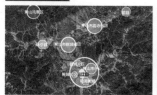

三江口具有区位优势，位于屯溪组团，是城市核心区域，处于绝对的城市核心地带，承担一定的旅游服务的转换点职能。

区位功能分析

周边拥有黄山火车站，客运总站及机场，规划的轨道交通L1线、L2线使三江口与黄山景区、高铁站和市中心的联系更加密切，形成旅游服务门户地带。

土地利用分析

三江口区域以居住和商业功能为主，商业业态较单一，以小体量零售商业为主。阳湖外边溪地段，以居住、商业及公共服务设施用地为主，同时存在较多未利用农林用地，亟待更新。

文化特征分析

外边溪历史街区是黄山仅存整体性较强、未开发的古建筑群，1.71 hm² 核心保护范围内有25处不可移动文物和历史建筑，有较高文物保护与开发利用价值。

空间特征分析　山水格局

独特的山水格局"傍水而生，山在城中"。
大山体层次丰富，山为屏，岭峰为景，低丘为圆，景观性与活动性兼具，三江口层面三江六岸交汇处，外边溪层面水系较少。

滨水空间

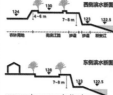

天际线要素

滨江立面整体上呈现东部高、中西低的景象。稽灵山高度只有50m且较为平缓，现状建筑对其的遮挡严重。
整体路网体系有待完善，对外交通联系较完善，但内部路网稀疏，路网体系欠规划。

道路交通

建筑建设现状

建筑年代

三江口时代以低层平房为主，集中在东侧的沿江地区。老城时代建筑以职工宿舍为主和低层平房为主，数量多，分布在基地南侧，二类建筑质量一般，需要进行更新改造。一类建筑建成时间短，质量较好，建议保留。

建筑质量

整体建筑质量较差，质量较好的建筑占整体建筑的30%。三类建筑集中成片，密度过高，不符合现在需求，须重新规划。

建筑功能

建筑功能以居住、商业、教育、办公为主。其中居住主要为砖混平房、职工宿舍和新建住宅小区三种，大量砖砌平房亟待更新。商业以小型沿街商业和西侧酒店为主。教育以中学为主，办公以单位大楼为主，分布在基地东侧。

建筑高度

建筑高度整体较低，以1~3层的砖砌住宅为主，4~6层建筑以职工宿舍、行政办公为主，7~11层以新建住宅为主，12层及以上建筑分为新建小区、公寓和酒店。基地内建筑整体上呈现出西高东低、南高北低的形态。

激活·传承·共生

黄山屯溪区外边溪滨水地段城市设计
HUANGSHAN TUNXI DISTRICT WAIBIANXI WATERFRONT SECTION URBAN DESIGN

02

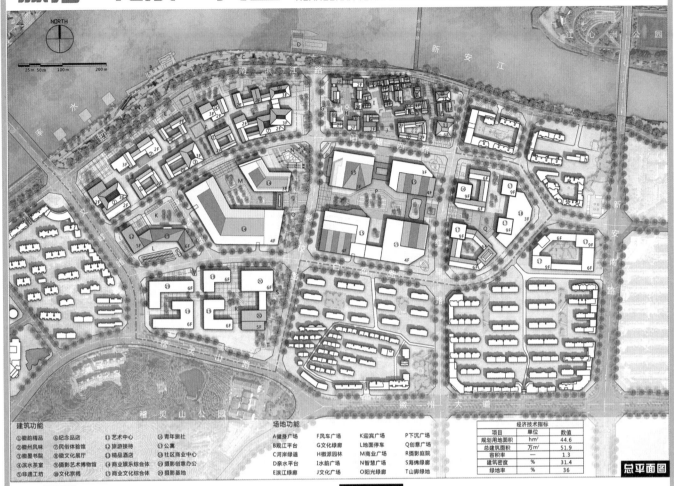

建筑功能
①徽韵精品 ⑤纪念品店 ⑨艺术中心 ⑬青年旅社
②徽州风味 ⑥民俗体验馆 ⑩旅游接待 ⑭公寓
③徽墨书院 ⑦徽文化展厅 ⑪精品酒店 ⑮社区商业中心
④滨水茶室 ⑧摄影艺术博物馆 ⑫商业娱乐综合体 ⑯摄影创意办公
⑤非遗工坊 ⑨文化祭祠 ⑬商业文化综合体 ⑰摄影基地

场地功能
A健身广场 F风车广场 K迎宾广场 P下沉广场
B观江平台 G文化绿廊 L地面停车 Q创意广场
C河岸绿道 H徽派园林 M商业广场 R摄影庭院
D亲水平台 I水韵广场 N智慧广场 S海绵绿廊
E滨江绿廊 J文化广场 O阳光绿廊 T山脚绿地

经济技术指标		
项目	单位	数值
规划用地面积	hm²	44.6
总建筑面积	万m²	51.9
容积率	—	1.3
建筑密度	%	31.4
绿地率	%	36

总平面图

问题总结

三江口对外功能以小型消费型商业为主，就业空间，自身发展动力不足。

滨水空间亲水性不足。滨水绿地硬质河岸距离面高差大，难以承担公共活动。

徽派风貌断裂严重，建筑风格杂糅。存在大量质量差、与历史风貌不协调的建筑。

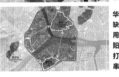

华山和楂灵山缺乏联系，利用连接老街和阳湖的步行桥打造步行廊道串联两山。

功能定位

功能定位偏差 结构不成体系

功能诉求:功能转型 现存土地更新

旅游服务门户

酒店、宾馆、居住、商业、产业办公

文化载体缺失 发展脉络中断

文化诉求:价值再生 徽州文化复兴

徽州文化纽带

文化展示、体验、非遗工坊、摄影

滨水空间品质不佳 山体间缺乏联系

空间诉求:重塑形象 生态环境激活

山水活力绿脉

滨水游憩空间、景观视廊、步行廊道

现实问题   定位构思

方案分析

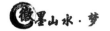

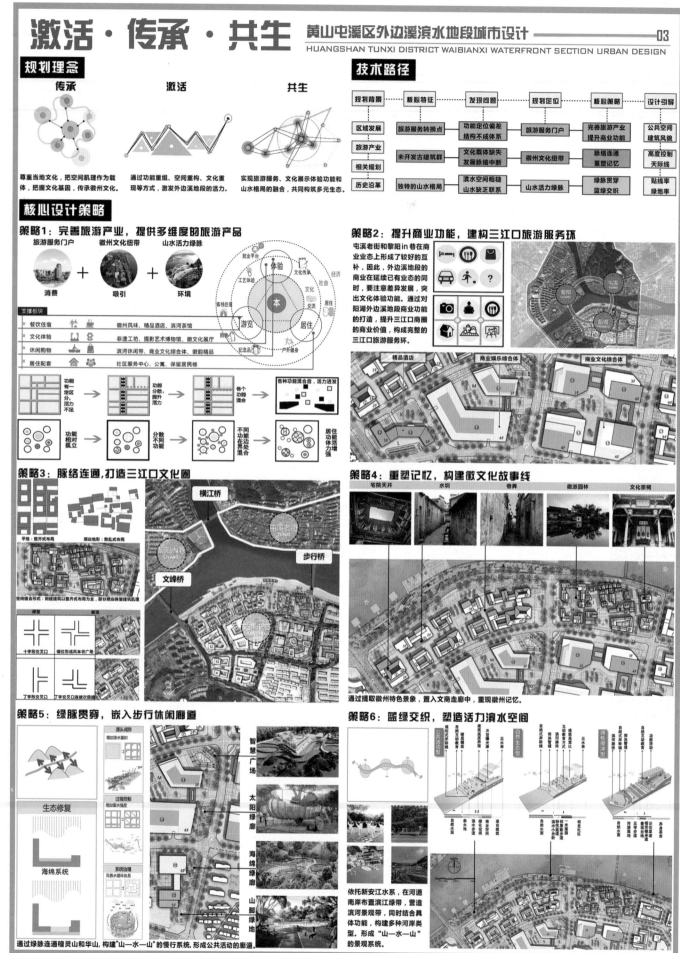

激活·传承·共生

黄山屯溪区外边溪滨水地段城市设计 03

HUANGSHAN TUNXI DISTRICT WAIBIANXI WATERFRONT SECTION URBAN DESIGN

规划理念

传承

尊重当地文化，把空间肌理作为载体，把握文化基因，传承徽州文化。

激活

通过功能重组、空间重构、文化重现等方式，激发外边溪地段的活力。

共生

实现旅游服务、文化展示体验功能和山水格局的融合，共同构筑多元生态。

技术路径

规划背景	核心特征	发现问题	规划定位	核心策略	设计引导
区域发展	旅游服务转换点	功能定位偏差 结构不成体系	旅游服务门户	完善旅游产业 提升商业功能	公共空间 建筑风貌
旅游产业	未开发古建筑群	文化载体缺失 发展脉络中断	徽州文化纽带	脉络连通 重塑记忆	高度控制 天际线
相关规划					
历史沿革	独特的山水格局	滨水空间粗糙 山水缺乏联系	山水活力绿脉	绿脉贯穿 蓝绿交织	贴线率 绿地率

核心设计策略

策略1：完善旅游产业，提供多维度的旅游产品

支撑板块	
餐饮住宿	徽州风味、精品酒店、滨河茶馆
文化体验	非遗工坊、摄影艺术博物馆、徽文化展厅
休闲购物	滨河休闲带、商业文化综合体、徽韵精品
居住配套	社区服务中心、公寓、保留居民楼

策略2：提升商业功能，建构三江口旅游服务环

屯溪老街和黎阳in巷在商业业态上形成了较好的互补，因此，外边溪地段的商业在延续已有业态的同时，要注意差异发展，突出文化体验功能。通过对阳湖外边溪地段商业功能的打造，提升三江口商圈的商业价值，构成完整的三江口旅游服务环。

策略3：脉络连通，打造三江口文化圈

策略4：重塑记忆，构建徽文化故事线

通过提取徽州特色景象，置入文商走廊中，重现徽州记忆。

策略5：绿脉贯穿，嵌入步行休闲廊道

通过绿脉连通稽灵山和华山，构建“山—水—山”的慢行系统，形成公共活动的廊道。

策略6：蓝绿交织，塑造活力滨水空间

依托新安江水系，在河道南岸布置滨江绿带，营造滨河景观带，同时结合具体功能，构建多种河岸类型。形成“山—水—山”的景观系统。

激活·传承·共生

黄山屯溪区外边溪滨水地段城市设计

HUANGSHAN TUNXI DISTRICT WAIBIANXI WATERFRONT SECTION URBAN DESIGN

04

夏日清风向边集
翠嶂山园漫延原
三江六岸白鸢展
徽墨古今多少年

鸟瞰图

地块一：滨江文商走廊

地块引导导则

设计引导说明

地块编号	地块主导功能	建筑高度	建筑密度	绿地率	容积率	贴线率	面积
A-01	零售商业	8~12 m	48%	25%	1.5	60%	1.97hm²
A-02	绿地	—	—	70%	—	—	6.01hm²
A-03	广场	—	—	40%	—	—	0.35hm²

地块风貌控制

建筑色彩
1.主色调：采用徽派建筑的白色与灰色 2.点缀色：深色、低纯度色彩为主，建筑整体色彩。

建筑材料
1.采用传统砖、石、木材料。 2.基止大面积使用钢材、玻璃。

建筑形式
1.建筑形式和体量保持传统的徽州建筑形态。
2.保留传统马头墙和白墙灰瓦的风格。

细部设计
使用徽派传统建筑风格的门、窗、槅口细部装饰。

图例
- 主体建筑控制线
- 开放空间控制线
- 绿化空间控制线
- 主要人行出入口
- 停车位置

地块性质
- 公园绿地
- 广场绿地
- 零售商业用地

地块位置

地块编号

地块空间意向

地块二：商业文化综合体

重点地块设计引导

地块引导导则

地块风貌控制

建筑色彩
1.主色调：采用徽派建筑的白色与灰色相互融合，与自然相互融合。体现白墙黛瓦的建筑整体色彩。 2.点缀色：深色、低纯度色彩为主。

建筑材料
1.建筑以混凝土、石材为主，配以砖、石、木材。 2.局部可采用现代玻璃窗和钢结构，但比例不能大于50%。

建筑形式
1.对徽派建筑符号进行现代创新改造，但需具备徽派建筑神韵。2.可以根据设计需要对徽派建筑符号进行创新。

细部设计
在细部设计增加传统徽派建筑符号，体现徽派建筑韵味。

图例
- 主体建筑控制线
- 开放空间控制线
- 绿化空间控制线
- 主要人行出入口

地块性质

商业零售用地7.33ha

设计引导说明

地块编号	地块主导功能	建筑高度	绿地率	容积率	贴线率	面积
B-01	商业文化	15~20m	13%	2.1	85%	7.33hm²

地块空间意向

其他地块空间意向

历史建筑地块

商业娱乐综合体

沿江界面

高层居住区　　公园　　　公园　　　历史建筑　　商业文化综合体　　商业娱乐综合体　　文商走廊　　创意办公区　　福灵山　　高层居住区

徽墨山水 文赋遗风
黄山屯溪区外边溪滨水地段城市设计
HUANGSHAN TUNXI DISTRICT WAIBIANXI WATERFRONT SECTION URBAN DESIGN

01

规划背景

政策背景

党的"十九大" —— 加快生态文明改革，建设美丽中国

中央城镇化工作会议
- 尊重自然
- 顺应自然
- 天人合一

山水脉络
独特风光

- 让城市融入自然，让居民望得见山、看得见水、记得住乡愁
- 要融入现代元素，更要保护和弘扬传统优秀文化，延续城市历史文脉

城市概况与历史沿革

城市概况

黄山市位于安徽省最南部。地处皖浙赣三省交界处。1987 年，设省辖地级市黄山市，下辖三区四县和黄山风景区，市政府驻地设在屯溪区。全市总面积 9 807 km²，是历史文化名城，也是旅游大市。黄山市是徽州文化的发源地和传承地，同时也是文化部设立的徽州国家文化生态保护区所在地。

研究区域概况

研究范围：三江口

地理环境：三江汇聚	新安江上游两大支流率水与横江交汇，将屯溪分坝阳、黎阳、阳湖三镇。
发展格局：带状发展	因其地理环境，紧临发达水运交通、背依群山，发展格局呈现沿江带状发展。
发展联系：镇海桥	明嘉靖十五年(1536年)修建，将分散商业串联，是相当一段时期里屯溪的主要街市脉络。

选题范围：阳湖外边溪

"阳湖"旧称"洋湖"，"外边溪村"因位于阳湖镇下村溪边，又处于阳湖正街外沿江边缘而得名。外边溪村曾是新安江重要的商贸交易码头，清末至民国时期，是屯溪主产茶种"屯绿"最大的集散和仓储地。

文化背景

徽州文化是中国三大地域文化之一，是中华文明的重要组成部分和重要源头之一。徽文化全面崛起始于北宋后期，明清时代达到鼎盛，是极具地方特色的区域文化。徽文化是古徽州一府六县物质文明和精神文明的总和，以儒家文化为内核涵盖哲、经、史、医、科、艺等诸多领域，体系极为完整，现存非物质文化遗产项目数众多种。

[徽州三雕]
图样多取材于自然山水与人文故事。

[徽派版画]
手法和题材源于徽州自然的秀美风光。

[徽派建筑]
集合徽派思想，色彩多为白、灰，与青山绿水形成色彩上的和谐。

徽派建筑

以青砖黛瓦、粉墙白壁和马头墙为表征，以三雕为装饰特色，有深井、高宅、大厅。

建筑选址：自然环境为依托，枕山环水面屏，考虑生产生活便利，满足风水说的精神需求，建成以"山为骨架、水为血脉"的有机整体。

石灰白墙：出于防潮功能需要，吸收空气中的水分，以保持建筑物干燥度。

马头墙：将房屋两侧的山墙高出屋脊，并以水平线条状的山墙檐收顶。

天井：封闭又通畅的徽州天井，解决通风光照问题，适应险要的山区环境。

高宅：砖墙、排水系统和木板防潮作用显现，建筑一层高大宽敞，楼上简易。

技术路线

现状分析

区位分析

   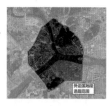

黄山市在安徽省的位置　屯溪区在黄山市的位置　三江口在屯溪区的位置

外边溪地段选址局部

交通区位

[黄山屯溪国际机场] 位于规划用地西北方向约4.5 km，国家一类航空口岸，可达国内23个大中小城市和国外首尔航线。
[黄山站] 位于规划用地东北方向约2.5 km，黄山站是二等站，又是皖赣铁路的大站之一。
[黄山市汽车客运总站] 位于规划用地正北偏西方向约3km。车次可达上海、合肥、杭州等城市。
[公路与高速公路] 国道205线、省道319线公路穿城而过。G56徽杭高速经过此处。

旅游分析

[历史文化资源等旅游资源丰富]
基地内历史文化资源丰富，有历史较为久远的物质文化遗存，两个国家级保护项目、一个市级保护区及多个市级保护文物点，同时具有民俗特色的习俗资源。

[旅游定位不突出]
阳湖片区物质文化遗产历史文化价值未被发掘，未结合旅游开发，缺乏特色差异化体验型旅游产品。

空间发展格局

[三江口发展格局]
以新安江、率水、横江交汇处为中心，形成环状路网与发散式城市布局。

[断裂开来的阳湖老街]
在老屯溪街市系统中，屯溪老街与黎阳in巷有一定连接，而阳湖老街与前两者连通性不足。

现状功能

[相互带动，协同发展]
屯溪、黎阳、阳湖在相邻区域功能定位基本达到一致，三个片区能够相互作用、相互带动，协同发展，形成统一的建筑风格与景观风貌带。

[功能布局不合理]
发展文化旅游缺少相应功能的载体。
作为城市中心区还缺乏商业办公功能的部署。

山水脉络

[生态格局优势]
三江(率水、横江及新安江)环山(稽灵山、沿阳山、华山等)的生态格局，突显城市空间特色，为规划提供了良好的设计基础。

[山水要素与城市缺少沟通]
龙山与华山、稽灵山都有或虚或实的视线廊道。稽灵山与华山应该增设视线通廊。江水与城市建筑、空间缺少互动。

总结

发展优势	现状问题
区位 · 城市核心区，文脉门户。 · 与屯溪、黎阳形成三足鼎立，区域可协同发展。 · 三江口独特的发展格局和空间结构基础。	**功能结构** · 功能结构单一，多为居住用地，经济发展受限。 · 阳湖与屯溪、黎阳联系弱，缺少协同性。
历史文化 · 徽文化底蕴深厚，文旅产业特色突出。 · 历史保护建筑展现传统徽派建筑风貌。 · 街巷空间形态基本保留了典型的徽州民居建筑的风格特征和古村落形态。	**特色文化** · 周边地区文化特色林立突出，基地缺乏其自身特色，难以吸引游客停留。 · 特色文化保护不当。
生态环境 · 群山环绕，江水穿越，形成独特的山水格局。 · 丰富的水系景观资源。	**自然生态** · 建筑密集，绿化率低，缺少公共绿地和市民室外活动场地。 · 沿河绿带缺乏景观与亲水互动场地，江岸与城市相互割裂。

徽墨山水 文赋遗风 黄山屯溪区外边溪滨水地段城市设计
HUANGSHAN TUNXI DISTRICT WAIBIANXI WATERFRONT SECTION URBAN DESIGN

03

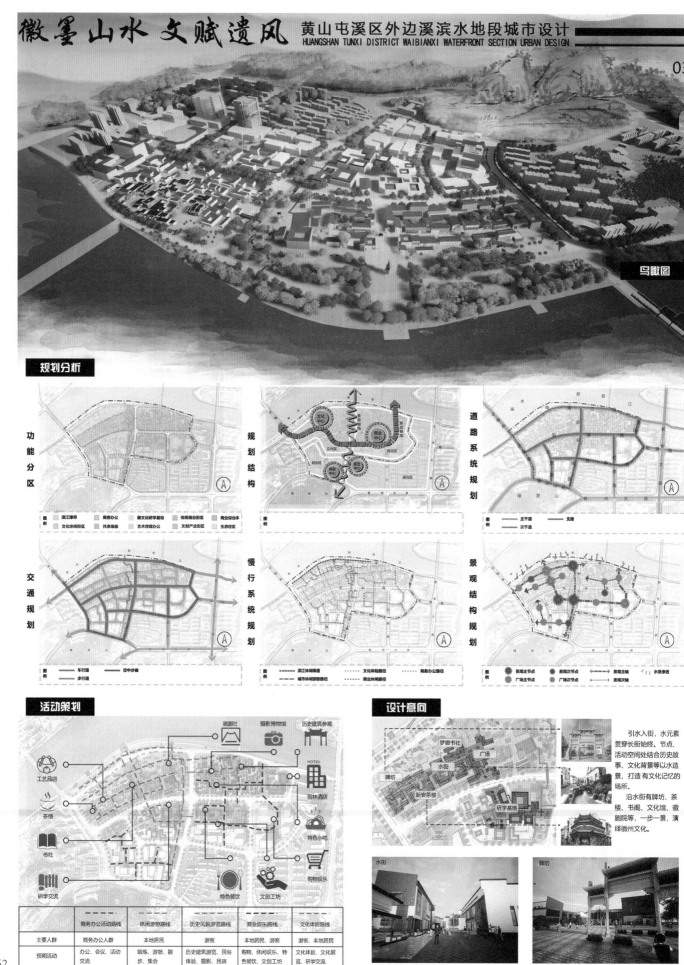

鸟瞰图

规划分析

功能分区

图例 | 滨江绿带 | 商务办公 | 徽文化研学基地 | 传统商业街区 | 商业综合体 | 文化休闲街区 | 共享办公 | 艺术传媒办公 | 文创产业街区 | 生态住区

规划结构

文化中心　商业中心　文化区　商业区　商务区　服务中心　居住区

道路系统规划

图例 | 主干道 | 次干道 | 支路

交通规划

图例 | 车行道 | 空中步廊 | 步行道

慢行系统规划

图例 | 滨江休闲绿道 | 城市休闲游览路径 | 文化体验路径 | 商业游览路径 | 商务办公路径

景观结构规划

图例 | 景观主节点 | 广场主节点 | 景观次节点 | 广场次节点 | 景观主轴 | 景观次轴 | 水景渗透

活动策划

微剧社　摄影博物馆　历史建筑参观

工艺品店　茶楼　书社　研学交流　HOTEL　园林酒店　特色小吃　购物娱乐　特色餐饮　文创工坊

设计意向

梦徽书社　广场　水街　牌坊　新安茶楼　研学基地

引水入街，水元素贯穿长街始终。节点、活动空间处结合历史故事、文化背景等以水造景，打造有文化记忆的场所。

沿水街有牌坊、茶楼、书阁、文化馆、徽剧院等，一步一景，演绎徽州文化。

水街　牌坊

	商务办公活动路线	休闲游憩路线	历史风貌游览路线	商业娱乐路线	文化体验路线
主要人群	商务办公人群	本地居民	游客	本地居民、游客	游客、本地居民
预期活动	办公、会议、活动交流	锻炼、游憩、散步、集会	历史建筑游览、民俗体验、摄影、民宿	购物、休闲娱乐、特色餐饮、文创工坊	文化体验、文化展览、研学交流

徽墨山水 文赋遗风

黄山屯溪区外边溪滨水地段城市设计
HUANGSHAN TUNXI DISTRICT WAIBIANXI WATERFRONT SECTION URBAN DESIGN

地块城市设计图则说明

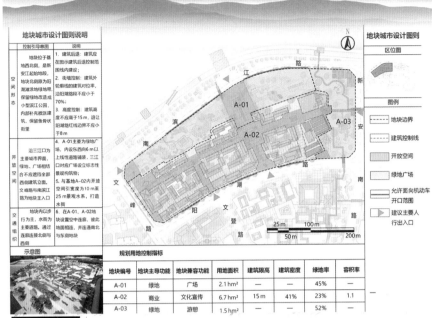

控制引导意图	说明
空间形态	地块位于基地西北侧，是新安江起始地段，地块北侧原为阳湖滩涂地使地改造成小型滨江公园，内部充满徽派建筑，保留鱼骨状街里	1. 建筑后退：建筑应在图示建筑后退控制范围线内建设；2. 街墙控制：建筑外轮廓线的建筑对位率，沿阳湖路段不应小于70%；3. 高度控制：建筑高度不应高于15m，退让距湖路红线边界不应小于8m
开放空间	沿三江口为主要城市界面，绿地、广场结合不应遮挡全部西侧建筑立面，文峰路与滨溪路为地块主入口	4. A-01主要为绿地广场，内设东西向6m以上线性道路铺装，三江口对应广场设立标志性景观建构筑物；5. 与基地A-02内开放空间引宽度为10m至25m的景观水系，打造水街
交通组织	地块内以步行为主，车为主要道路，通过道路相连，并连通南北	6. 在A-01、A-02地块设置空中连廊，彼此地面相连，并连通南北两侧与东侧地块

规划用地控制指标

地块编号	地块主导功能	地块兼容功能	用地面积	建筑限高	建筑密度	绿地率	容积率
A-01	绿地	广场	2.1 hm²	—	—	45%	—
A-02	商业	文化宣传	6.7 hm²	15 m	41%	23%	1.1
A-03	绿地	游憩	1.5 hm²	—	—	52%	—

贴线率控制

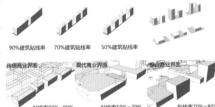

80%~90% / 70%~80% / 60%~70%

90%建筑贴线率 70%建筑贴线率 50%建筑贴线率
传统商业界面 现代商业界面 综合商业界面
贴线率80%~90% 贴线率60%~70% 贴线率70%~80%

控制内容
主干道两侧建筑退道路红线15~20m，新建商业建筑贴线率应控制在60%~70%之间，住宅建筑底层商业裙房贴线率应控制在70%~80%之间。

综述
综合商业道路底层商业裙房退道路红线10~15m，新建建筑贴线率应控制在70%~80%之间，商业建筑首层通透度应大于40%。
一般生活性道路应减少退让，营造舒适宜人的街道空间。生活性主街鼓励设置底商，增加连续性，贴线率应大于50%。
传统商业街道新建建筑依据现状减少退让，新建建筑贴线率应控制在70%以上，增加连续性。

沿街界面控制

A / B / C / D

分类编号	A	B	C	D
界面类型	商业界面	文化街区界面	传统街区界面	生活性界面
D/H	1.5 < D/H < 2.5	1 < D/H < 2	0.5 < D/H < 1.5	1.5 < D/H < 2

商业街界面 文化街区界面 传统街区界面

控制内容
编号	
A	建筑底部设置出挑雨棚，从视觉上拓宽空间，促使内外空间融合；弱化对街道步行环境的影响；底层尽可能地采用透明玻璃，建立建筑内部与环境之间的视觉联系，塑造于人活动的商业氛围。
B	多为新建徽派建筑，建筑界面应有较强连续性，街道空间较宽敞，D/H应控制在1~2之间。
C	传统建筑部分多为保留建筑，曲折的建筑界面使街道空间具有运动感和很强的导向性，形成连续的界面，保护传统街巷空间。
D	建筑多为穿插形式，裙房沿街；建筑立面逐渐呈台阶式后退，空间层次丰富，减小了临街人体量建筑对街道空间的压迫感。

道路交通设计

A / B

慢行系统设计

空中廊架 / 慢行步道

开敞空间设计引导

开敞空间

广场开敞空间 / 绿地开敞空间

景观环境

文化水街，传统商业界面结合水植物元素打造。 江堤改造，设计江堤凉亭，提供休闲观景场所。 步行路径结合绿化和座椅、路灯等设施布置。

建筑风貌控制引导

空间结构 **体量高度**

传统建筑保护 风貌协调

以历史保护区为核心，进行风貌控制。保护核心区历史风貌，周边建筑协调其风貌。

整体东西向两侧高，中间让出华山与稽灵山的视线通廊。

建筑色彩 白色 / 青黑色 **建筑材料**

粉墙黛瓦，建设应遵从传统徽派建筑色彩，整体风貌协调。

木材 青砖 青瓦

新建建筑应恰当运用青砖青瓦及木材等材料建设。

建筑元素

马头墙 徽州三雕 封火墙 坡屋顶

建筑应融入马头墙、三雕等徽派建筑元素，协调风貌，展现徽州形象。

重点地块开发控制引导

控制地块位置

控制要素	标准
地块面积	10.15 hm²
绿地率	45%
容积率	0.54
建筑密度	21.70%

控制地块位于基地西北部，现状仍保存其村落形态，建筑质量较差。保留老船厂，其余建筑均拆除。考虑用地现状和发展需要，将该地块北侧空地规划为生态绿带，南侧规划为文化街。

控制重点

建筑风貌 **建筑高度**

强调风貌协调，即街巷格局、建筑、景观小品、铺装等公共设施和艺术应符合传统徽派风貌。

该地块建筑包含马头墙，其高度应控制在15m以下，新建建筑不得遮挡保留建筑2m以上。

贴线率 **开敞空间**

临近阳湖路界面贴线率应达到80%~90%。界面应有较强连续性。

开敞空间设置文化类景观小品和中心景观树。打造传统徽派水塘公共空间。

陕西 · 西安
Shanxi · Xi'an

西安建筑科技大学

指导老师：邓向明　杨　辉　高　雅

载文以境　渡梦以技 /066

周依婷　寇晓楠　魏琳睿　李浩然　刘ㄨㄨ

梦·江畔徽境 /070

温馨马骉闫旭　史可鉴　齐来瑜

载文以境 渡梦以技 黄山屯溪区外边溪滨水地段城市设计
HUANGSHAN TUNXI DISTRICT WAIBIANXI WATERFRONT SECTION URBAN DESIGN

徽墨山水·梦

现状分析

上位规划

黄山市层面：世界一流旅游目的地、中国传统文化传承创新区，位于新安江发展轴，是新兴的旅游经济增长点。

中心城区层面：重要的城市历史风貌保护区、面向游客提供文化旅游、商业服务的城市片区。

三江口层面：旅游服务核心区重要组成部分、形象展示窗口。

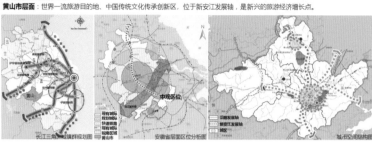

长江三角城镇群规划图　　安徽省层面区位分析图　　城市空间结构图　　中心城区结构分析图

中心城区用地布局图

旅游产业

黄山市层面：旅游发展显疲态，发展结构待转型，竞争力下降，应及时调整发展重点。

屯溪区层面：旅游资源丰富，发展基础良好，但二次消费体系薄弱，应调整角色职能。

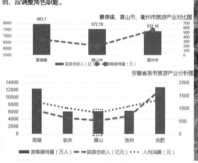

景德镇、黄山市、衢州市旅游产业对比图

安徽省各市旅游产业分析图

三江口层面：旅游资源丰富、三岸业态协同发展　　**外边溪层面**：旅游支撑体系薄弱旅游资源数量少

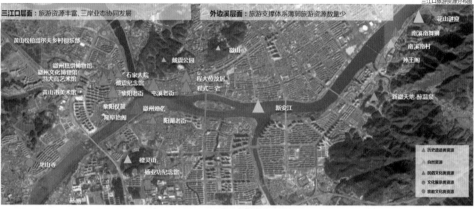

三江口旅游资源分布图

道路交通

屯溪区层面：交通设施完善，对外交通便利。

三江口层面：黄山东路、新安大道、滨江南路交通压力大，戴震路南端、新安桥北局部地段出现拥堵点；阳湖单元内 800m 范围内无车行道路。

外边溪层面：车行道路渗透，与街巷格局碰撞，鱼骨分布，主街平行江水，巷道垂直江水；断头路多，巷道狭窄，仅可人行。

百度实时地图　　三江口地段路网格局

外边溪交通分析图

空间特质

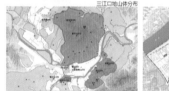 

三江口地山体分布　　水系分布

自然要素—山、水：
近山亲水，山水条件优良

人工要素—城：
城市风貌不佳，高层建筑破坏天际轮廓；现建筑以低层为主，建筑亟需更新改造

人工要素—村：
基地内具有独特的空间特质与丰富的空间要素，如老船厂、粮仓等

城市风貌分析图　　滨江立面分析图　　建筑高度分析图　　建筑结构分析图

生活环境

文化设施分布图　　教育设施分布图　　医疗设施分布图　　土地利用现状图　　居住系统用地分布现状图

外边溪文化印记分布图

三江口层面：三江口范围分布有较多文化设施。中学、小学满足服务范围覆盖要求，但幼儿园覆盖水平不足。医疗设施满足需求。

外边溪层面：
发展空间充足；部分居住环境品质低；公服、商服设施系统不完善，商业设施数量少，类型单一。

载文以境 渡梦以技 黄山屯溪区外边溪滨水地段城市设计
HUANGSHAN TUNXI DISTRICT WAIBIANXI WATERFRONT SECTION URBAN DESIGN

徽墨山水·梦

现状分析

文化谱系

黄山市层面：徽州文化的发祥地。

屯溪区层面：紧邻徽州文化核心区。

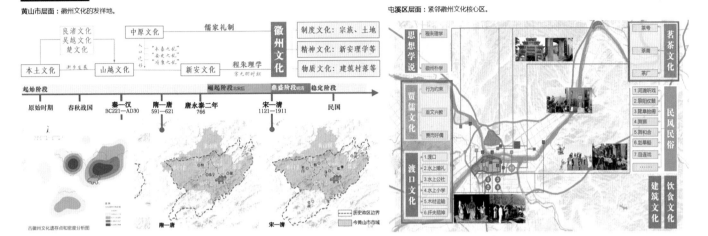

古徽州文化遗存点和密度分析图

外边溪层面：以渡口、茶和贾儒为核心的特色民俗文化。

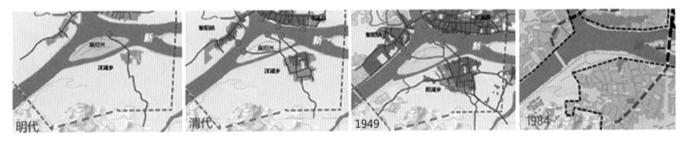

明代　　清代　　1949　　1984

空间格局

三江口时代：顺水而城，以山为本。老城时代：江城相隔，山城相争。新城时代：江城相隔，山城不应。城市建设：进而困山，退而去水。

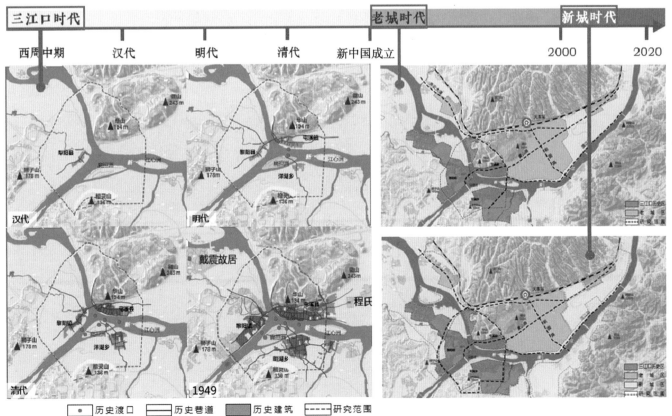

历史渡口　　历史巷道　　历史建筑　　研究范围

载文以境 渡梦以技

黄山屯溪区外边溪滨水地段城市设计

HUANGSHAN TUNXI DISTRICT WAIBIANXI WATERFRONT SECTION URBAN DESIGN

徽墨山水·梦

定思谋略

目标理念

目标：与屯溪老街、黎阳in巷共创旅游服务中心，共谱新时代新安江畔的清明上河图

文化内涵→空间设计外化
传承→发展

载 文 以 境， 渡 梦 以 技

动词：由此到彼
引申

开华，转型
由古到新，一种自然的过程

徽州文化	依	渡产业	由旅游中转地到旅游目的地
渡口文化	文		由观赏体验到线上高级定制
茗茶文化	化		由传统到传统+
贾儒文化		渡生活	由杂乱到有序
			由陈旧到品质
			由檀灵山到新安江
		渡空间	由遗忘空间到视线焦点
			道路由杂乱到有序
			景观由隔间到渗透

规划结构

核心驱动，轴带串联；多支延展，多区联动。

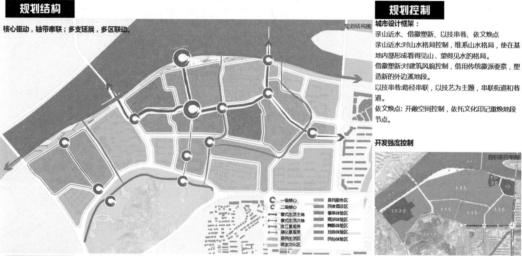

规划控制

城市设计框架：
亲山近水，借徽塑新、以技串巷、依文焕点
亲山近水：对山水格局控制，维系山水格局，使在基地内部形成看得见山、望得见水的格局。
借徽塑新：对建筑风貌控制，借用传统徽派要素，塑造新的外边溪地段。
以技串巷：路径串联，以技艺为主题，串联街道和巷道。
依文焕点：开敞空间控制，依托文化印记重焕地段节点。

开发强度控制

规划平面

经济技术指标
用地面积：1.04 km²
建筑面积：180万m²
建筑密度：30%
容积率：1.7
绿地率：35%
建筑密度：30%

载文以境 渡梦以技 黄山屯溪区外边溪滨水地段城市设计
HUANGSHAN TUNXI DISTRICT WAIBIANXI WATERFRONT SECTION URBAN DESIGN

规划效果

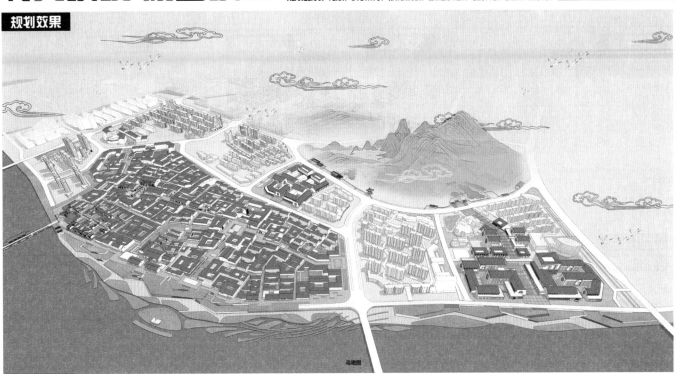

鸟瞰图

个人方案

阳湖正街东区方案一

经济技术指标
用地面积：20.55 hm²
建筑面积：30.83万 m²
建筑密度：42.00%
容积率：1.50
绿地率：23.00%

① 水口景观
② 保留建筑群
③ 饮·食文化馆
④ 戏台广场
⑤ 戏台
⑥ 小吃内街
⑦ 酒店

▢ 新建建筑
▤ 保留建筑

阳湖正街西区方案一

经济技术指标
用地面积：24.64 hm²
建筑面积：31.96万 m²
建筑密度：43.24%
容积率：1.30
绿地率：25.00%

① 徽州剧院
② 新安画馆
③ 徽州博物馆
④ 新安革命
⑤ 民俗馆
⑥ 海容酒店
⑦ 阳湖滨河公园

▢ 新建建筑
▤ 改造建筑

阳湖正街东区方案二

经济技术指标
用地面积：18.8 hm²
建筑面积：29.14万 m²
建筑密度：45%
容积率：1.55
绿地率：25%

① 水口综合粮仓
② 保留建筑群
③ 阳湖集市
④ 茶习复空间
⑤ 戏楼
⑥ 小吃街
⑦ 民宿区
⑧ 酒店
⑨ 戏楼

阳湖正街西区方案二

经济技术指标
用地面积：24.64hm²
建筑面积：33.26万 m²
建筑密度：45%
容积率：1.85
绿地率：30%

① 戏剧院
② 农乐空间
③ 海俗酒席
④ 群发展馆
⑤ 新发展馆
⑥ 吴今馆
⑦ 游光技艺习艺空间

梦·江畔徽境
徽墨山水·梦

黄山屯溪区外边溪滨水地段城市设计
HUANGSHAN TUNXI DISTRICT WAIBIANXI WATERFRONT SECTION URBAN DESIGN

研究框架

上位规划

长三角区域层面

- 世界一流旅游目的地
- 长三角区域性交通枢纽
- 皖浙赣区域性经济中心
- 三省接合处、交通枢纽

上位规划
《黄山市城市总体规划（2008—2030）》
《长江三角洲区域一体化发展规划纲要》

安徽省区域层面

- 安徽省旅游经济发展龙头
- 皖南世界级旅游目的地
- 合肥经济圈辐射圈层

上位规划
《黄山市城市总体规划（2008—2030）》
《安徽省城镇体系规划》
《安徽省皖南国际旅游文化示范区旅游发展总体规划》

黄山市域层面

- 现代国际旅游城市
- "名山秀水处、徽州文化源、生态宜居地、国际旅游城"
- 规划结构　"双城—三轴"
- 文化主题　"徽文化"
- 国家综合服务业创新基地

上位规划
《黄山市城市总体规划（2008—2030）》
《黄山市空间特色规划》

中心城区层面

- 市域旅游经济增长核心
- 黄山市旅游空间枢纽
- 城市历史风貌保护区
- 环境优良的城市住区

上位规划
《黄山市城市总体规划（2008—2030）》
《安徽省城镇体系规划》

2020-6-11

大美黄山

人文屯溪

旅居阳湖

城市变迁

建制变迁

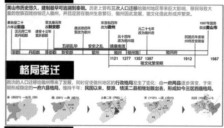

交通变迁

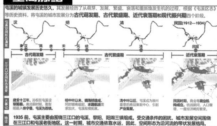

格局变迁

空间脉络

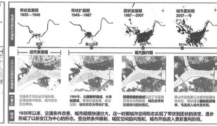

文化脉络

文化谱系

核心因素：文化融合

徽州文化

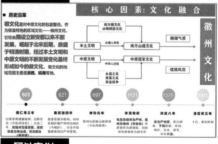

文化分布

码头文化

文化遗产

- 内部文化丰厚
- 周边资源丰富
- 游客认同度高
- 开发潜力巨大

空间基因

格局关系

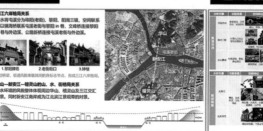

基因分析

梦·江畔徽境

黄山屯溪区外边溪滨水地段城市设计
HUANGSHAN TUNXI DISTRICT WAIBIANXI WATERFRONT SECTION URBAN DESIGN

旅游产业分析

发展现状

文化区位

徽州文化生态保护实验区核心

黄山非遗种类数量全省第一

中国三大地域文化之一

敦煌学、藏学、徽学

屯溪区 黄山市游客集散中心

黄山市一级服务基地

处于中心城区旅游休闲带和屯溪综合旅游服务区

皖浙赣区域层面

黄山市旅游资源丰富，但优势不突出

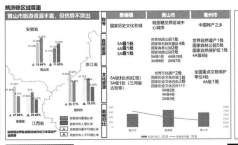

皖浙赣区域层面

发展趋势

旅游线路分析

屯溪区多为交通枢纽点或酒店住宿点，优势在于是黄山旅游的重要节点，劣势在于旅游人气相对较低，屯溪一地未来作为旅游目的地基础良好，发展潜力巨大

发展规划

黄山市

世界级黄金旅游线

"名城—名湖—名山"上海、杭州、黄山

新安山水画廊之旅

"新安江—千岛湖"水上旅游航道

三江六岸旅游资源对比

三足鼎立

三江六岸竞合发展

规划地段现状解读

现状解读

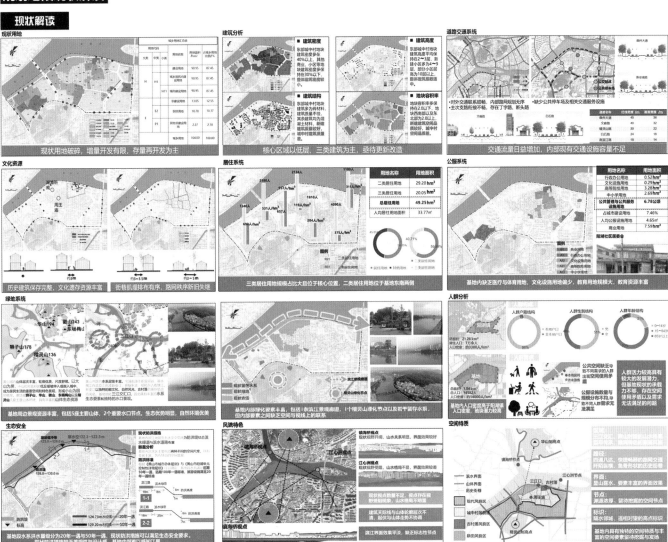

现状用地破碎，增量开发有限，存量再开发为主

核心区域以低层、三类建筑为主，亟待更新改造

交通流量日益增加，内部现有交通设施容量不足

历史建筑保存完好，文化遗存资源丰富

街巷肌理排布有序，路网秩序新旧失继

三类居住用地规模占比大且位于核心位置，二类居住用地位于基地东南两侧

基地内缺乏医疗与体育用地，文化设施用地偏少，教育用地规模大，教育资源丰富

基地周边景观资源丰富，包括5座主要山体，2个重要水口节点，生态资源明显，自然环境优美

基地内部现有内部现有要素丰富，包括1条新安江景现观廊道，1个横灵山净化节点以及若干横平存水点，但内部要素之间缺少空间与视线上的联系

公共空间缺少导致利用需求的人口出现空间隔阂，公服设施数量与规模分布不均，缺乏在空间使用率上与群群居需要无法满足的问题

基地地水系洪水概级分为20年一遇与50年一遇，现状防洪措施可以满足生态安全要求，现状防洪措施缺乏现实性与设计感，基地内部难以感知江景

滨江界面效果平淡，缺乏标志性节点

基地内具有独特的空间特质与丰富的空间要素留待挖掘与对话

071

梦·江畔徽境
徽墨山水·梦

黄山屯溪区外边溪滨水地段城市设计
HUANGSHAN TUNXI DISTRICT WAIBIANXI WATERFRONT SECTION URBAN DESIGN

规划目标

目标体系

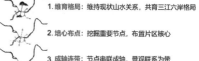

我们通过对传统文化的演绎，将外边溪地段打造为一个结合文旅产业发展、旅游开发为一体的，宜居宜业的徽文化博览园；并协同黎阳、屯溪共同承载对外文化展示的功能，将三江口地区打造为黄山市新名片。

规划定位

城景一体的徽文化旅游目的地　承续村落基因的江街缩影地　徽而新风貌的特色滨江画廊

规划构思

逻辑框架

1. 维育格局：维持现状山水关系，共育三江六岸格局
2. 培点布点：挖掘重要节点，布置片区核心
3. 成轴连带：节点串联成轴，景观联系为带
4. 延理塑界：延续肌理织路成网，重塑界域导控分区

维持现状山水关系

1. 依托榉灵山、华山、东杨梅山形成屯溪区范围内的视线廊道。
2. 同时依托新安江水道形成基地范围内"两山夹一水"的生态格局。
3. 通过三江口片区的旅游环线串联三江六岸。

三江口旅游环线
山体轮廓线

共育三江六岸格局

三江口定位：
徽文化旅游目的地
黄山综合旅游服务区
文旅融合创新示范地
城市文化客厅

规划结构：
"一环，两带一廊，三轴"

挖掘节点布置核心

"七个节点，一个核心"
山城关系：两山之间穿过基地存在视线通廊。
三江三岸：屯溪老街存在两条传统街巷格局。镇海桥、江心洲重要视点。
基地内部：内部存在鱼骨状历史街巷。周王庙和古村落两个重要文化节点。
基地内部：将点轴要素串联形成新节点。

串联成轴联系为带

"一轴，一带"

1. 根据空间特质调整节点位置，提取四个重要节点串联成为发展主轴。
2. 将滨江景观节点进行联系，形成滨江特色景观带。
3. 保持基地传统鱼骨状街巷肌理。

三江口旅游环线
山体轮廓线

延续肌理重塑界域

以内部历史街巷及周边道路形成基地内的主要干道体系，在文旅休闲区内部打造以游客观光为主的鱼骨状慢行系统；对村落肌理再塑。规划形成四大分区：以徽文化博览为核心的文旅休闲区；依托生态资源的居住区；以旅游服务功能为主的旅游服务区；古村新城过渡的城市服务区。

结构生成

"一带贯穿，双支延展；一带一廊，多心联动"

功能分区

城市设计框架

显山露水，鱼骨纵横，轴带延展，多心串联

显山露水：维系"两山夹一水"的格局，形成"镇海桥—码头—周王庙"格局关系。

多心串联：串联八个小片区的不同文化主题核心，共同打造徽文化博览园。

轴带延展：以主街为依托，一轴贯穿基地，带动核心发展；纵向多支延展，联动江边与基地活力共生。

鱼骨纵横：依托外边溪基地内部历史街巷肌理，形成鱼骨状的街巷布局。

空间重塑

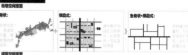

功能植入

徽韵文化策略

徽韵文化策略

功能结构：徽文化博览园 一村，一庙，两区

一村：外边溪文化古村。
一庙：依托洋湖滩周王庙的原有遗址。
两区：徽文化集中展示区、民俗文化主题区、名人故居游览区、洋湖滩公园、徽式生活体验区。

借助现有非遗资源，采用文创+旅游的方式进行非遗相关文化的深度挖掘，打造工艺文化主题区、徽州美食主题区等徽式生活体验园。

系统整合

一村：外边溪文化古村
一庙：周王庙
徽州文化博览园
徽式生活体验园

色彩管控与材质引导

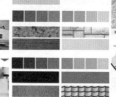

色彩主体为徽派建筑传统的黑白灰基调，建筑主体色彩凸出黑白灰构成。点缀以较高饱和度的红、黄、褐等暖色调。

传统徽派　徽而新派　创新徽派

马赛克效果　马赛克效果　马赛克效果

空间管控

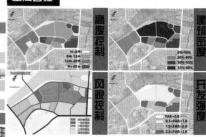

高度控制　建筑密度　风貌控制　开发强度

梦·江畔徽境
徽墨山水·梦

黄山屯溪区外边溪滨水地段城市设计
HUANGSHAN TUNXI DISTRICT WAIBIANXI WATERFRONT SECTION URBAN DESIGN

城市设计总平面

总平面图

技术经济指标：
用地面积：1.04 hm²
建筑面积：182万 m²
容积率：1.75
建筑密度：35%
绿地率：30%
地上停车：600（10%）

图例：
① 周王庙
② 贾儒大学堂
③ 南部商业区
④ 游船码头
⑤ 古村落
⑥ 工艺展览馆
⑦ 徽式园林酒店

鸟瞰图+天际线

各地块详细设计

现状分析

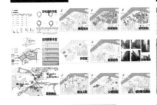

徽州民俗主题片区

聚落体验主题片区

文化习赏主题片区

生态居住片区

旅居服务片区

系统分析

公共服务设施分析图

一廊道、三核心、多空间

三个公共服务核心主要服务于居住区，散布于住区周边

丰富的开敞空间与滨河绿廊、公园形成呼应，通过银行系统将公园核心与其他重要建筑相连接，形成完整的公共服务系统

打造舒适宜人的滨江交往空间以及完善便捷的公共服务系统

商业设施分析图

商业设施结合片区发展其主轴向布局，分两大部分设置

一是结合周边社区，主要服务于周边居民的娱乐休体设施和现代商业

二是综合现有文化资源，主要服务于外来游客的民俗商业、文创集市、徽式商业街、徽式民宿、酒店

交通系统分析图

节点
展览馆、民俗体验园、文化广场等构成文化节点；锦绣山、城市公园、码头公园等构成绿化节点

居住系统分析图

通过将服务于居民的商业和服务于游客的商业结合形成的商业链生，实现居商的目标

居住系统分析图

三心一廊，五带纵横

核心：片区生态核心、片区景观核心、片区服务核心
节点：依托景观轴线遍及各街团中心布局丰富的景观节点。
廊道：滨江景观廊道五条绿化景观廊

核心：分别将锦溪山公园、滨江公园与周王庙公园广场作为片区的核心、绿廊、景观核心
节点：将轴带与街巷交织处作为节点
辅带：以横轴线与空间渗透串列与纵向绿地景观带

视线分析

浙江 · 杭州
Zhejiang · Hangzhou

浙江工业大学

指导老师：周 骏 龚 强 徐 鑫

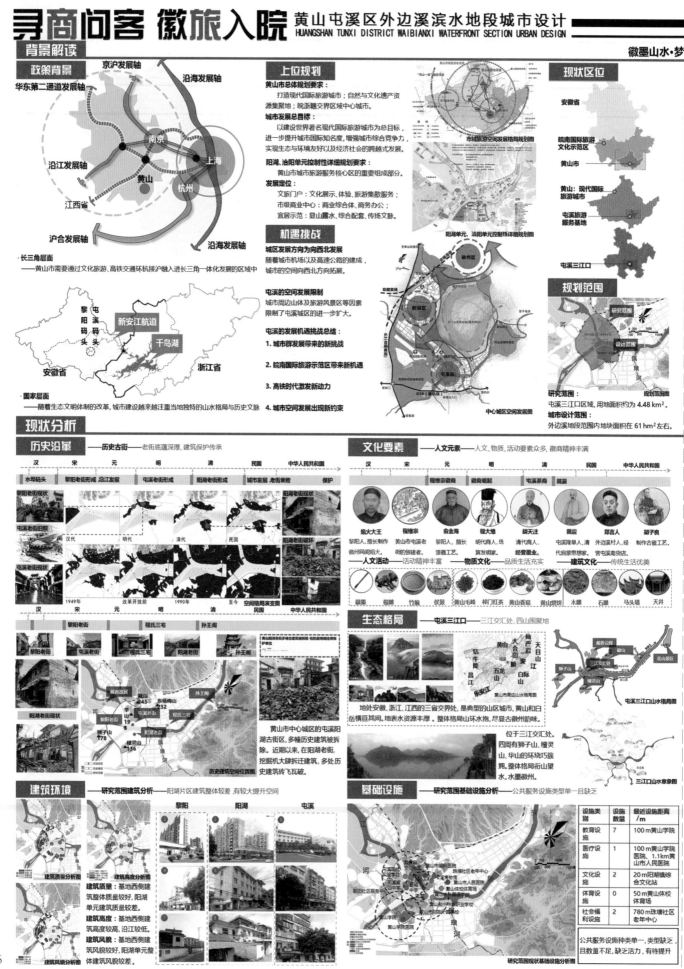

寻商问客 徽旅入院
黄山屯溪区外边溪滨水地段城市设计
HUANGSHAN TUNXI DISTRICT WAIBIANXI WATERFRONT SECTION URBAN DESIGN

徽墨山水·梦

现状分析

研究范围分析 —屯溪三江口商业休闲中心—

现状三江口空间发展由商而荣

用地代码	用地名称	用地比例
R2	二类居住用地	18.5%
R3	三类居住用地	10.3%
A1	行政办公用地	2.3%
A7	文物古迹用地	5.3%
B	商业服务用地	2.2%
G	绿地	23.5%
M	工业用地	2.2%
A3	教育科研用地	5.2%

研究范围用地平衡表

公共设施用地比例不足，屯溪黎阳片区高住布局已成体系，阳湖片区用地界线不明，功能混乱。

研究范围现状土地利用图

一轴：旅游休闲空间轴
一桥两街的旅游休闲空间轴线。
一带：滨江景观带
尚未形成完备的滨江景观绿带。
一心：三江口商业休闲核心
三江口各片区拥江形成文化旅游的商业核心。

研究范围功能结构规划图

阳湖片区发展机遇
1. 阳湖片区承接南部的屯溪政治中心，将带动阳湖片区发展。
2. 有独特的滨江景观带。
3. 临近杭徽高速出入口。
4. 三个片区的共同发展。

保护下的屯溪片区
屯溪三江口商业初期，受城市发展重心东移的影响，屯溪片区沿带状格局发展。

更新下的黎阳片区
随着新城区的建设及机场的建立，屯溪区空间往西北方向拓展，促进了黎阳片区更新开发。

遗弃下的阳湖片区
阳湖片区地势较低，且受到南侧山体影响，片区的空间拓展受到了限制，总体开发较为缓慢。

研究范围片区划分图

现状交通 —屯溪三江口交通区位优越

研究范围内部交通现状图

主干路：格局为"三环包围"，环状包围基地。
次干路：基地格局为"中心发散"，三个地块共同联系的道路较少。
支路：断头路较多且缺乏体系。

研究范围周围图交通现状图

内部路网不成体系，道路混乱

设计范围现状建筑

设计地块现状建筑肌理图

设计地块现状交通图

设计地块现状建筑高度图

设计地块现状建筑遗产保护图

设计地块现状建筑层数图

设计地块现状建筑拆改分析图

现状水系 —水系网络密布

应水而兴
主干水系包括新安江、横江等，两岸有一定的景观联系，但互动性弱。
次干水系滨水两岸景观联系性更强。
支渠以小微尺度的水系与城市密切融合。

研究范围水系现状图

滨江界面 —片区坐落于三江口山水之间，沿江岸线景观极佳

北岸

南岸

设计范围现状土地利用

用地代码	用地名称	用地比例
R2	二类居住用地	25.7%
R3	三类居住用地	21.3%
A1	行政办公用地	5.3%
A7	文化古迹用地	5.3%
B	商业服务用地	4.2%
E2	农业用地	23.5%
M	工业用地	7.0%
A3	教育科研用地	9.7%

设计范围用地平衡表

缺少必要的功能构成：公共服务设施配套少，地块以居住用地为主，片区功能混杂。

设计范围现状公共服务

设施类别	设施数量	最近实施距离
教育设施	4	
医疗设施	0	1.1km（黄山学院医院、黄山市人民医院）
文化设施	0	20m（阳湖镇综合文化站）
体育设施	0	650m（黄山体育馆）
社会福利设施	0	780m（珠溪社区老年中心）

设计范围设施情况表

服务设施类型数量不足，设施活力缺乏，服务有待提升。

设计范围基础服务分析图

空间要素

三江口　屯溪二中　商住区　遗产建筑

未建设区

住宅区

木材加工厂　居住区　商业街

公园

现状总结

	问题	优势	发展方向
文化底蕴	素以徽商著名，阳湖老街是审曾财富，但是历史文化无载体。	有着深厚的旅商文化和徽商精神	弘扬传统文化，将徽州的文化特质融入城市设计的框架中。
产业分布	现状产业结构单一，以零售业、餐饮服务为主，分布较分散。	现代国际旅游的商务发展契机	需要将生态转型升级，打造文旅产业一条街。
景观风貌	设计范围内山水隔断，没有形成整体景观系统，比较破碎。	有着优秀的景观生态环境资源	充分利用现有的山水格局，打造完善的生态景观格局。
道路交通	研究区块内设计地块内断头路较多，支路不足，缺乏体系。	便捷的交通区位	完善区内路网，打造尺度宜人的街区形式。
配套设施	设计范围内施配套比较薄弱，没形成完整的旅游配套服务。	中心城区的发展	打造具有徽州文化特色的商业街区，提升人流活力。
建筑保护	文保点多，文保单位的建筑保护不佳，建筑保护单位违法拆除。	传统的建筑要素	抵制非法拆除，保护具有文化价值的历史建筑。

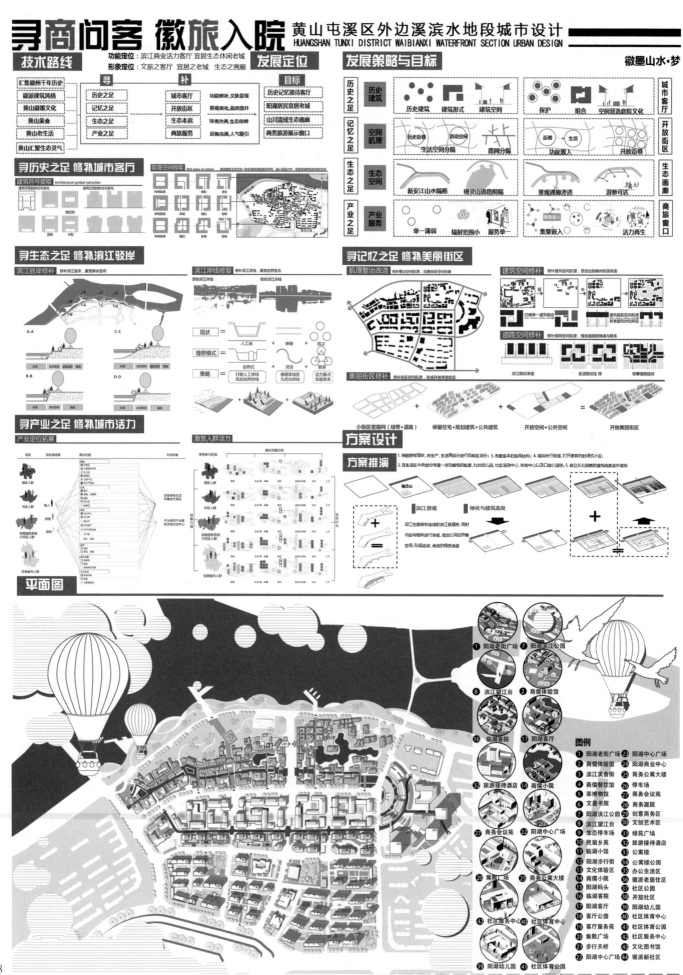

寻商问客 徽旅入院
黄山屯溪区外边溪滨水地段城市设计
HUANGSHAN TUNXI DISTRICT WAIBIANXI WATERFRONT SECTION URBAN DESIGN

徽墨山水·梦

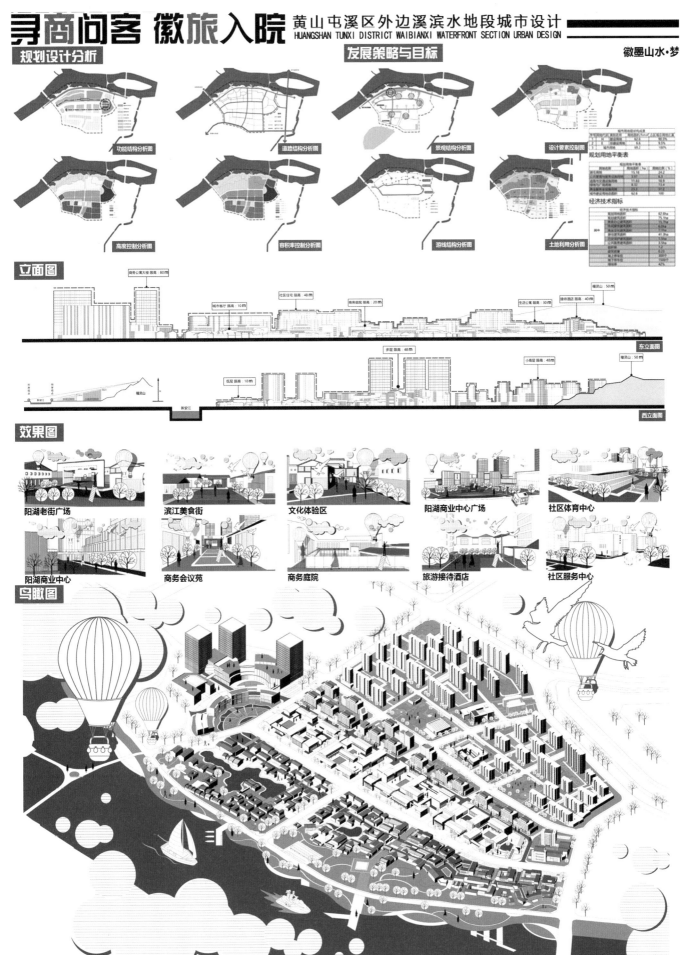

寻商问客 徽旅入院 黄山屯溪区外边溪滨水地段城市设计
HUANGSHAN TUNXI DISTRICT WAIBIANXI WATERFRONT SECTION URBAN DESIGN

徽墨山水·梦

规划设计分析

发展策略与目标

功能结构分析图　道路结构分析图　景观结构分析图　设计要素控制图

规划用地平衡表

经济技术指标

高度控制分析图　容积率控制分析图　游线结构分析图　土地利用分析图

立面图

东立面图

西立面图

效果图

阳湖老街广场　滨江美食街　文化体验区　阳湖商业中心广场　社区体育中心

阳湖商业中心　商务会议苑　商务庭院　旅游接待酒店　社区服务中心

鸟瞰图

以文载梦　水墨徽州

徽墨山水·梦

黄山屯溪区外边溪滨水地段城市设计
HUANGSHAN TUNXI DISTRICT WAIBIANXI WATERFRONT SECTION URBAN DESIGN

设计地块定位

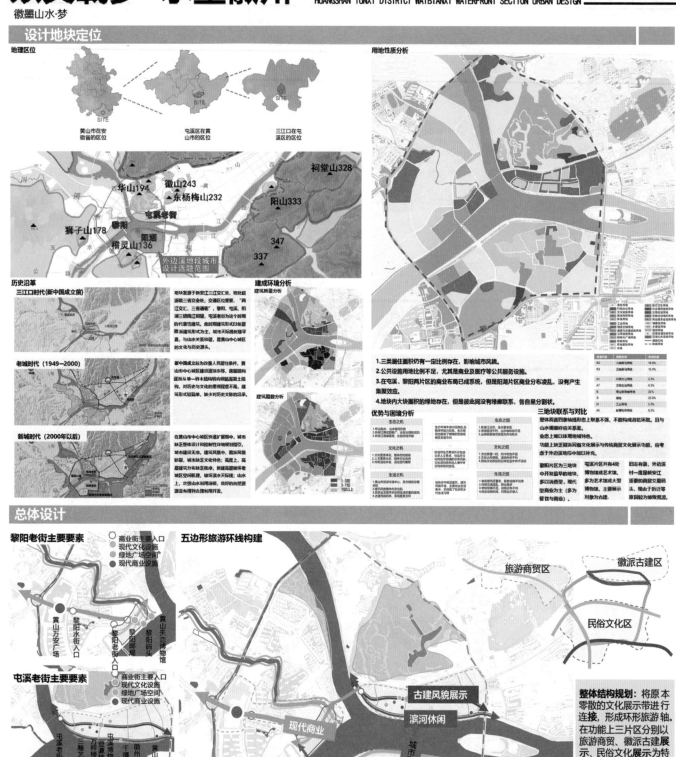

地理区位

黄山市在安徽省的区位　屯溪区在黄山市的区位　三江口在屯溪区的区位

祠堂山328
华山194　徽山243
东杨梅山232　阳山333
屯溪老街
狮子山178　黎阳
稽灵山136　隔潭　347
337

外边溪地段城市设计选题范围

用地性质分析

历史沿革

三江口时代(新中国成立前)

老城时代(1949~2000)

新城时代(2000年以后)

建成环境分析

建筑质量分析

建筑层数分析

1.三类居住面积仍有一定比例存在，影响城市风貌。
2.公共设施用地比例不足，尤其是商业及医疗等公共服务设施。
3.在屯溪、黎阳两片区的商业布局已成系统，但是阳湖片区商业分布凌乱，没有产生集聚效应。
4.地块内大块面积的绿地存在，但是彼此间没有绿廊联系，各自呈星分割状。

优势与困境分析

生态之机　生态之困
文化之机　文化之困
生活之机　生活之困

三地块联系与对比

1-3层
3-7层
7层以上

总体设计

黎阳老街主要要素
- 商业街主要入口
- 现代文化设施
- 绿地广场空间
- 现代商业设施

黄山万安广场
黎阳水街入口
黄山失恋博物馆
黎阳码头
黎阳郎酒
黎阳老街入口

五边形旅游环线构建

旅游商贸区
徽派古建区
民俗文化区

古建风貌展示
现代商业
滨河休闲

文化体验

屯溪老街主要要素
- 商业街主要入口
- 现代文化设施
- 绿地广场空间
- 现代商业设施

屯溪老街入口
三雕艺术馆
屯溪博物馆
万粹楼博物馆
徽州艺术珍宝博物馆
黄山中溪区博物馆

整体结构规划: 将原本零散的文化展示带进行连接，形成环形旅游轴。在功能上三片区分别以旅游商贸、徽派古建展示、民俗文化展示为特色。

外边溪主要要素

滨水码头
传统居住
保护民居

设计地块规划: 以民俗文化展示和体验、码头文化展示为主要功能，形成南北向的山水文化绿轴、城市形象展示轴与横向的传统文化体验轴。

以文载梦 水墨徽州

黄山屯溪区外边溪滨水地段城市设计
HUANGSHAN TUNXI DISTRICT WAIBIANXI WATERFRONT SECTION URBAN DESIGN

徽墨山水·梦

设计地块定位

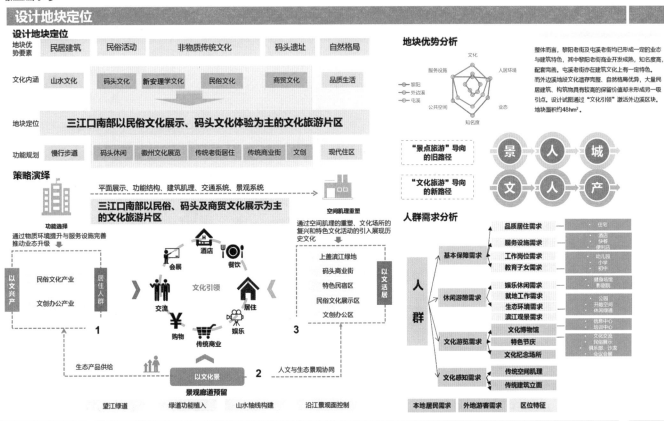

设计地块定位

地块优势要素	民居建筑	民俗活动	非物质传统文化	码头遗址	自然格局
文化内涵	山水文化	码头文化	新安理学文化	民俗文化	商贸文化	品质生活

地块定位：**三江口南部以民俗文化展示、码头文化体验为主的文化旅游片区**

| 功能规划 | 慢行步道 | 码头休闲 | 徽州文化展览 | 传统老街居住 | 传统商业街 | 文创 | 现代住区 |

策略演绎

平面展示、功能结构、建筑肌理、交通系统、景观系统

三江口南部以民俗、码头及商贸文化展示为主的文化旅游片区

空间肌理重塑
通过空间肌理的重塑、文化场所的复兴和特色文化活动的引入展现历史文化

功能选择
通过物质环境提升与服务设施完善推动业态升级

以文兴产
- 民俗文化产业
- 文创办公产业

居住人群　文化引领

以文活居
- 上盖滨江绿地
- 码头商业街
- 特色民宿区
- 民俗文化展示区
- 文创办公区

生态产品供给

人文与生态景观协同

以文化景
景观廊道预留

望江绿道　绿道功能植入　山水轴线构建　沿江景观断面控制

地块优势分析

整体而言，黎阳街及屯溪老街均已形成一定的业态与建筑特色，其中黎阳老街商业开发成熟，知名度高，配套完善。屯溪老街亦在建筑文化上有一定特色。而外边溪地段文化遗存完整，自然格局优尾，大量民居建筑、构筑物具有较高的保留价值却未形成另一吸引点。设计试图通过"文化引领"激活外边溪区块。地块面积约48hm²。

"景点旅游"导向的旧路径：景→人→城

"文化旅游"导向的新路径：文→人→产

人群需求分析

基本保障需求	品质居住需求	住宅
	服务设施需求	酒店·快捷·便利店
	工作岗位需求	幼儿园·小学·初中
	教育子女需求	
休闲游憩需求	娱乐休闲需求	健身场馆·影剧院
	就地工作需求	公园·开敞空间·休闲绿道
	生态环境需求	信息中心·培训中心
	滨江观景需求	
文化游览需求	文化博物馆	文化交流·民俗展示·俱乐部·沙龙·会议会展
	特色节庆	
	文化纪念场所	
文化感知需求	传统空间肌理	
	传统建筑立面	

本地居民需求　外地游客需求　区位特征

以文兴产

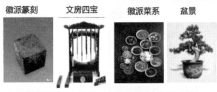

徽派篆刻　文房四宝　徽派菜系　盆景

将部分较易品读的徽州特产与新时代旅游商品结合提升经济价值，如将篆刻、文房四宝做成伴手礼等形式，形成能够被年轻人接受的文化新IP。

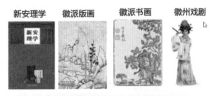

新安理学　徽派版画　徽派书画　徽州戏剧

传统文化展示侧重展示徽州传统的审美观及其与山水环境的关联。如徽州三雕、文房四宝艺术、徽派版画就是徽州自然环境同徽州人审美观相结合的产物。

民俗艺术片区	码头商业片区	特色民宿片区	文创办公片区	旅游服务核心片区
以徽州传统文化和外边溪历史建筑为载体，吸引游客在此进行游园、篆刻、古建欣赏等体验性活动。	从事手工艺类文化产品的制作和销售，如屯绿茶叶售卖、码头售票、徽式菜系等，游客可在此进行餐饮、品茶等活动。	以**民宿出租、合院租住**、徽式酒店等辅助型旅游产业为主，为整个地块的游客提供住宿。	主要由艺术工作者进行创意设计与纪念品生产，进行消费型文化体验。植入现代元素，设置展览会、纪念品采购等新功能。	设置商业综合体、大型酒店、超市等现代商业设施，为整个片区的居民与游客提供服务。

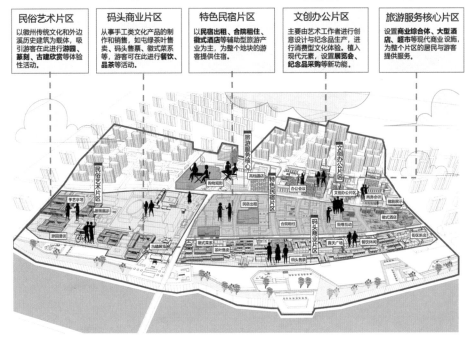

体验营销
借长三角文化产业的优势，重点向长三角地区招商引入较为知名的大型文创企业，形成一套旅游IP。

整合营销
对黄山市其他旅游景区内产品摸底，并与其他主要景区联合，发售游船套餐等，实现市场共育，市场互补，融入旅游市场。

产品策略
体验型产品与消费型产品互补开发，丰富整个旅游线路的文化内涵。

体验营销
充分发挥徽州历史文化资源优势，复现徽剧、三雕、书画和其他民俗艺术来强化游客的第一体验。

打造书画节、戏剧节、三雕节等，并可于三江口定期举办水上赛事，以提升城市知名度，传播城市形象。

家庭营销
抓住当前亲子游大热的时机，着力提升片区对儿童及青少年的影响力及教育力，突破黄山仅以山水著称的桎梏。

多种营销手段并举，构建可持续的旅游品牌及地区影响力

以文载梦　水墨徽州

黄山屯溪区外边溪滨水地段城市设计
HUANGSHAN TUNXI DISTRICT WAIBIANXI WATERFRONT SECTION URBAN DESIGN

徽墨山水 · 梦

以文化景

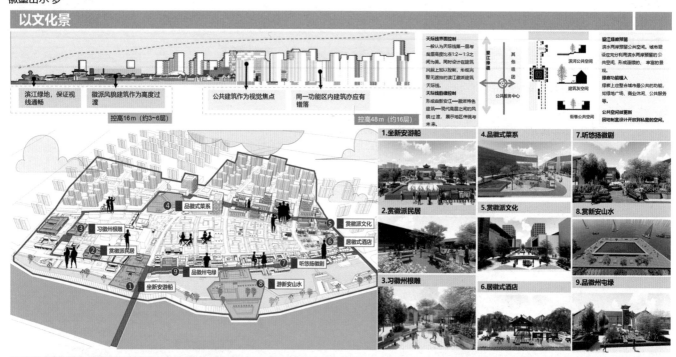

天际线界面控制
一般认为天际线第一层与底层高度比在1:2～1:3之间为美。同时设计在建筑风貌上加以控制，形成完整无遮挡的滨江徽派建筑天际线。

滨江绿地，保证视线通畅
徽派风貌建筑作为高度过渡
公共建筑作为视觉焦点
同一功能区内建筑亦应有错落

控高16m（约3～6层）
控高48m（约16层）

天际线协律控制
形成由新安江—徽派特色建筑—现代高层之间的风貌过渡，展示地区传统与未来。

望江绿廊预留
滨水两岸预留公共空间，城市绿应完分利用滨水两岸预留的公共空间，形成连续的、丰富的景观。

滨河公共空间
建筑灰空间
街巷公共空间

绿廊功能植入
绿廊上应整合城市最公共的功能，如绿地广场、商业休闲、公共服务等。

公共空间的更新
因地制宜设计开放到私密的空间。

1. 坐新安游船
2. 赏徽派民居
3. 习徽州根雕
4. 品徽式菜系
5. 赏徽派文化
6. 居徽式酒店
7. 听悠扬徽剧
8. 赏新安山水
9. 品徽州屯绿

总平面图

以文载梦 水墨徽州

黄山屯溪区外边溪滨水地段城市设计
HUANGSHAN TUNXI DISTRICT WAIBIANXI WATERFRONT SECTION URBAN DESIGN

徽墨山水·梦

分区介绍

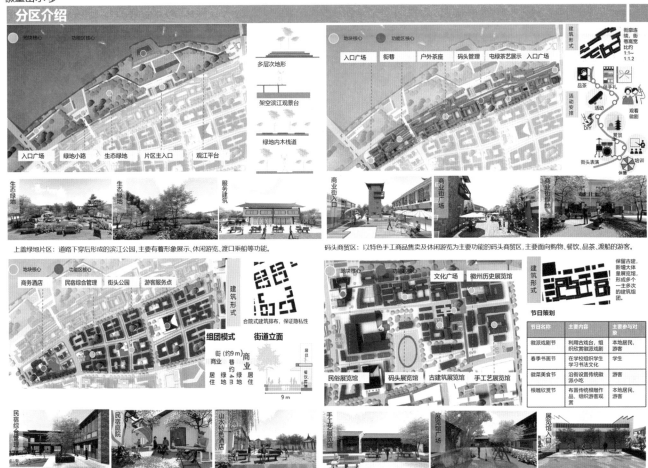

上盖绿地片区：道路下穿后形成的滨江公园，主要有着形象展示、休闲游览、渡口乘船等功能。

码头商贸区：以特色手工商品售卖及休闲游览为主要功能的码头商贸区，主要面向购物、餐饮、品茶、渡船的游客。

特色民宿片区：以主题民宿、商务酒店为主要功能，沿街为商，沿巷为宿，主要面向有住宿需求的游客。

民俗艺术展览片区：由五组博物馆群组成，通过特色节日展示徽州文化，提升地区知名度。

鸟瞰效果

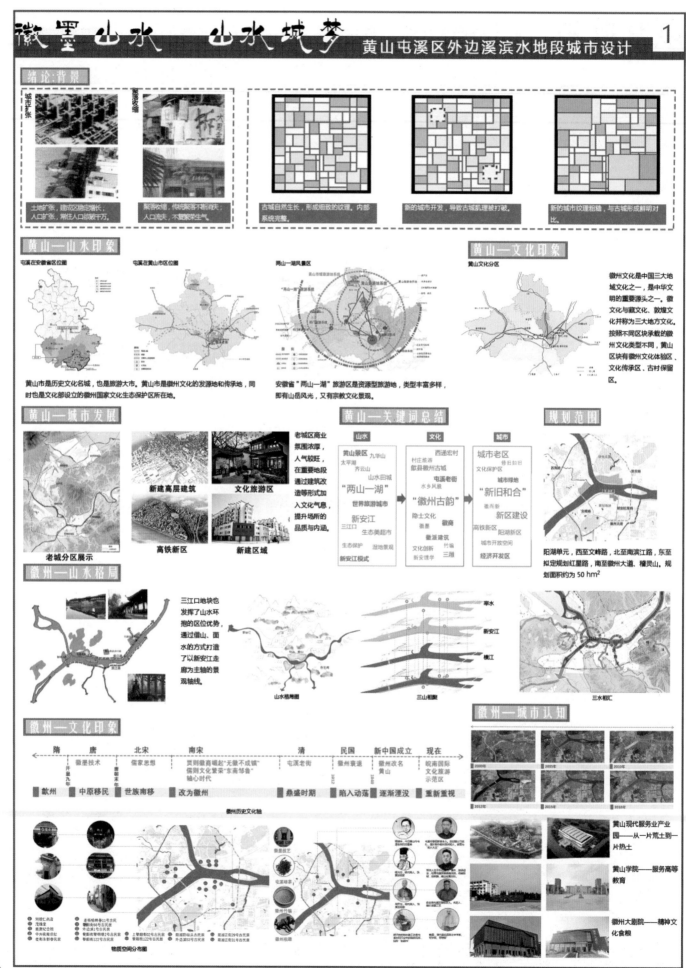

徽墨山水　山水城梦
黄山屯溪区外边溪滨水地段城市设计

1

绪论:背景

城市扩张　聚落收缩

土地扩张,建成区稳定增长;人口扩张,常住人口数破千万。

聚落收缩,传统聚落不断消失;人口流失,不复昔日生气。

古城自然生长,形成细致的纹理。内部系统完整。

新的城市开发,导致古城肌理被打破。

新的城市纹理粗糙,与古城形成鲜明对比。

黄山—山水印象

屯溪在安徽省区位图　屯溪在黄山市区位图　两山一湖风景区

黄山市是历史文化名城,也是旅游大市。黄山市是徽州文化的发源地和传承地,同时也是文化部设立的徽州国家文化生态保护区所在地。

安徽省"两山一湖"旅游区是资源型旅游地,类型丰富多样,即有山岳风光,又有宗教文化景观。

黄山—文化印象

黄山文化分区

徽州文化是中国三大地域文化之一,是中华文明的重要源头之一。徽文化与藏文化、敦煌文化并称为三大地方文化。按照不同区块承载的徽州文化类型不同,黄山区块有徽州文化体验区、文化传承区、古村保留区。

黄山—城市发展

老城分区展示

新建高层建筑　文化旅游区
高铁新区　新建区域

老城区商业氛围浓厚,人气较旺,在重要地段通过建筑改造等形式加入文化气息,提升场所的品质与内涵。

黄山—关键词总结

山水	文化	城市
黄山景区　九华山 太平湖　齐云山 山水田城 "两山一湖" 世界旅游城市 新安江 三江口 生态保护 新安江模式	西递宏村 村庄旅游 歙县徽州古城 屯溪老街 水乡风貌 "徽州古韵" 隐士文化 徽墨　徽商 徽派建筑 文化创新 新安理学　竹编　三雕	城市老区 文化保护区 城市绿缘 "新旧和合" 徽而新 新区建设 高铁新区　阳湖新区 城市开发空间 经济开发区

规划范围

阳湖单元,西至文峰路,北至南滨江路,东至拟定规划红星路,南至徽州大道、稽灵山。规划面积约为 50 hm²

徽州—山水格局

三江口地块也发挥了山水环抱的区位优势,通过借山、面水的方式打造了以新安江走廊为主轴的景观轴线。

山水格局图　三山相望　三水相汇

率水　新安江　横江

徽州—城市认知

2000年　2001年　2010年
2012年　2015年　2018年

徽州—文化印象

隋	唐	北宋	南宋	清	民国	新中国成立	现在
	徽墨技术 开皇九年	儒家思想 唐贞末年	贾则徽商崛起"无徽不成镇" 儒则文贵繁荣"东南邹鲁" 轴心时代	屯溪老街	徽州衰退	徽州改名 黄山	皖南国际文化旅游示范区
歙州	中原移民	世族南移	改为徽州	鼎盛时期	陷入动荡	逐渐湮没	重新重视

徽州历史文化轴

物质空间分布图

黄山现代服务业产业园——从一片荒土到一片热土

黄山学院——服务高等教育

徽州大剧院——精神文化食粮

徽墨山水　山水城梦

黄山屯溪区外边溪滨水地段城市设计

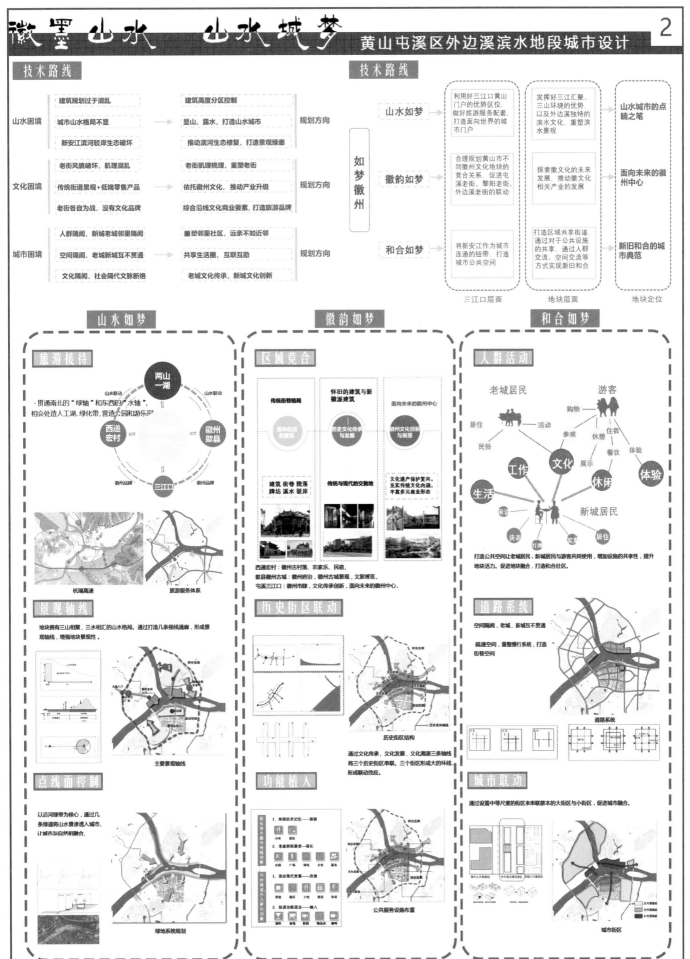

徽墨山水 山水城梦

黄山屯溪区外边溪滨水地段城市设计

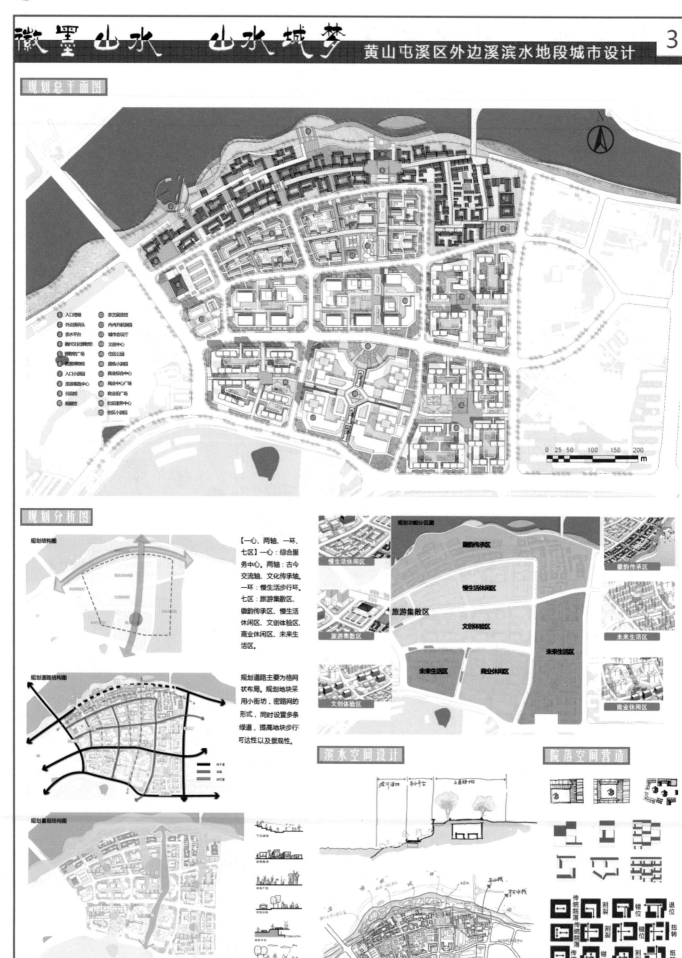

规划总平面图

规划分析图

规划功能分区图

【一心、两轴、一环、七区】一心：综合服务中心。两轴：古今交流轴、文化传承轴。一环：慢生活步行环。七区：旅游集散区、徽韵传承区、慢生活休闲区、文创体验区、商业休闲区、未来生活区。

规划道路主要为格网状布局，规划地块采用小街坊、密路网的形式，同时设置多条绿道，提高地块步行可达性以及景观性。

滨水空间设计

院落空间营造

徽墨山水　山水城梦

黄山屯溪区外边溪滨水地段城市设计

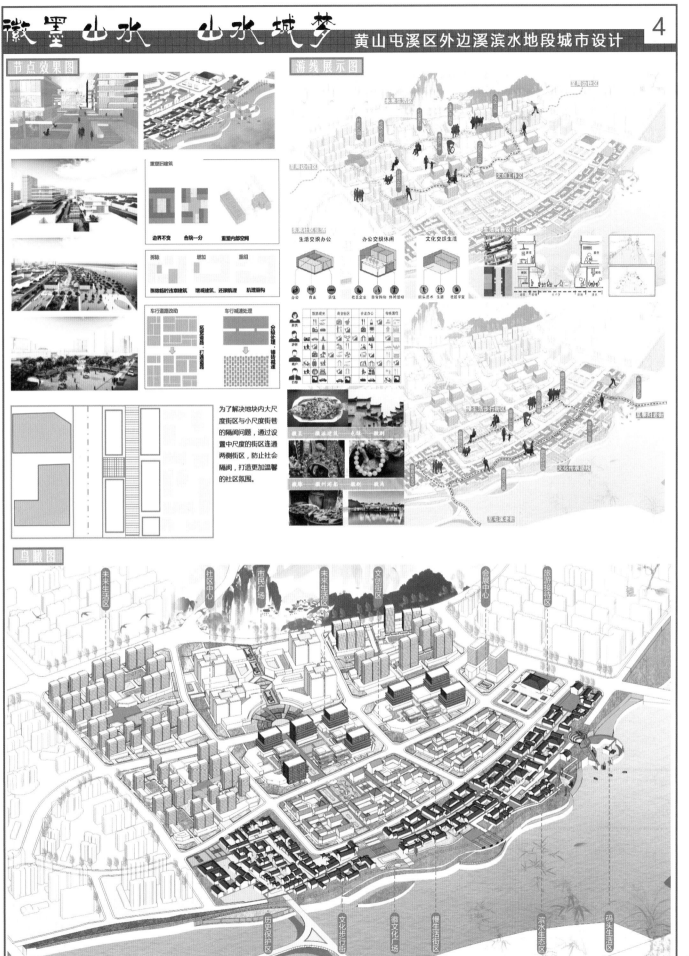

为了解决地块内大尺度街区与小尺度街巷的隔阂问题，通过设置中尺度的街区连通两侧街区，防止社会隔阂，打造更加温馨的社区氛围。

福建 · 福州
Fujian · Fuzhou

福建工程学院

指导老师：杨芙蓉　卓德雄

01 寻茶昔年

微墨山水·梦

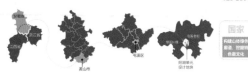

黄山屯溪区外边溪滨水地段城市设计

HUANGSHAN TUNXI DISTRICT WAIBIANXI WATERFRONT SECTION URBAN DESIGN

背景研究

区位分析

规划背景

国家	省域	市域
构建山水绿色廊道,挖掘特色藏文化	构建徽州特色体系,生态发展	打造徽州阳湖旅游接待基地,弘扬徽茶文化

项目概况

　　阳湖地块位于黄山市屯溪区,新安江以南。设计前期须了解滨河空间(黄山市北岸码头传承);新安江上游到杭州的联系;码头兴衰;黄山新安江整条河岸线分配与三江六岸之间的微观关系。屯溪区目前在设施方面的欠缺:黄山旅游资源优势明显,但需要转型,将格局放高;旅游服务接待与业态缺乏。

　　徽茶主题文旅街区城市设计过程从所在的大区域层面的定位及空间、交通、功能、文化四个方面着手,宏观、中观、微观各个层面梳理确定整个文旅区定位及特色,以落实到地块,使区块更好地融入片区,凸显区域特色,实现其功能、形象诉求。

框架研究

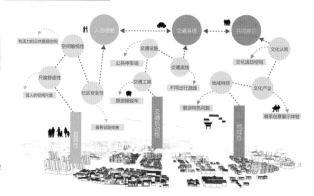

关键性问题:宜居性

土地利用现状

公服设施现状

建筑结构现状

建筑质量现状

建筑层数现状

建筑肌理现状

关键性问题:交通机动性

道路交通现状

交通设施现状

车行交通现状

人行交通现状

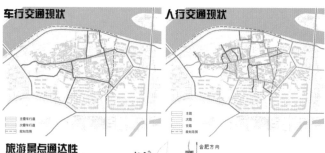

旅游景点通达性

关键性问题:地域性

历史文化

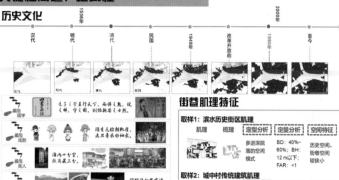

街巷肌理特征

取样1:滨水历史街区肌理			
肌理梳理	定型分析	定量分析	空间特征
	多进深院落的空间模式	BD:40%~60%;BH:12m以下;FAR:<1	历史空间、街巷空间较狭小

取样2:城中村传统建筑肌理			
肌理梳理	定型分析	定量分析	空间特征
	独块状建筑空间模式	BD:40%~50%;BH:20m以下;FAR:<1	城中村空间局促、闾、街弄空间较狭小

现状总结

"城中村"、工业和未建设用地是主要潜力用地

街巷空间狭小,建筑肌理围合　　　　交通网络较混乱,人车混行现象严重

建筑高度较矮,覆盖率高　　　　　　停车设施较少,路边停车严重

宜居性分析

人口持续增长,人居环境需提升

服务设施类型数量不足,设施活力缺乏

地域性分析　　　**交通机动性分析**

传承历史文脉,保护历史片区　　旅游资源丰富　　区域交通体系通达性较强

中国三大地方文化之一　　　　　　　　　　旅游景点通达性较好

近年屯溪区旅游产业在市域范围内占据主导地位

02 寻茶昔年

徽墨山水·梦

黄山屯溪区外边溪滨水地段城市设计
HUANGSHAN TUNXI DISTRICT WAIBIANXI WATERFRONT SECTION URBAN DESIGN

设计定位

设计目标

文兴聚人重塑"老"徽州
显山露水旅居"新"阳湖

创建山体景观廊道

茶文化复兴

聚集游客及茶客休闲空间

引入水体结合建筑构筑有机生态空间

保留徽派历史建筑及徽派建筑符号

打造文茶旅游接待创新街区

设计理念

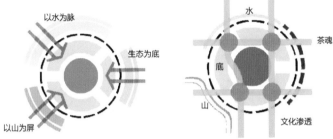

以水为脉

生态为底

水

茶魂

底

以山为屏

山

文化渗透

理念：以水为脉、以山为屏、生态为底、徽茶为魂

设计策略

宜居策略：提升旅居环境

公共空间增补

增加公共服务设施

构建绿化体系结构

宜居性改造示意图

更新改造

保护改造

提升改造

更新改造

拆除重建

保留现状

交通机动化策略：建立人行尺度小街区开发模式

非机动车沿支路和绿地水系结合布置

不同的人群设计交通流线

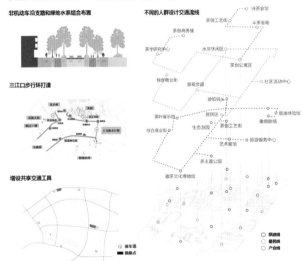

三江口步行环打造

增设共享交通工具

地域策略：文旅产业融合

文化产业升级

街巷重塑

人群活动路线构想

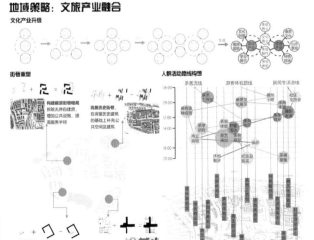

设计分析

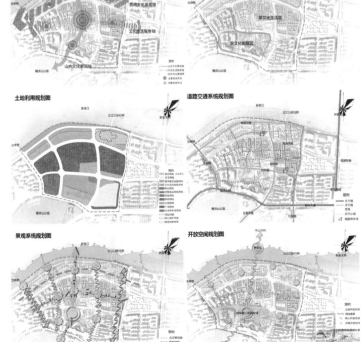

规划结构分析图

功能分区图

土地利用规划图

道路交通系统规划图

景观系统规划图

开放空间规划图

03 寻茶昔年

徽墨山水·梦

黄山屯溪区外边溪滨水地段城市设计
HUANGSHAN TUNXI DISTRICT WAIBIANXI WATERFRONT SECTION URBAN DESIGN

总平面图

茶主题旅居街区——新徽派茶旅生活区
功能定位：茶文化生活区
规划茶创工艺街、艺术展馆、茶主题民宿群、游
客服务中心、茶创公寓区等空间节点。

茶礼茶俗体验区

诗茶会馆

茶主题文化展览馆

茗茶徽派小院

茶创工艺街

茶创民宿群

茶创街区游客服务中心

茶创商业中心

茗苑撷翠主题景点

茶创景观广场

经济技术指标

规划用地面积：55.7 hm²

建 筑 密 度：39%

容 积 率：1.2

绿 地 率：36%

04 寻茶昔年

徽墨山水·梦

黄山屯溪区外边溪滨水地段城市设计
HUANGSHAN TUNXI DISTRICT WAIBIANXI WATERFRONT SECTION URBAN DESIGN

城市设计导则

"徽墨山水·梦"黄山屯溪外边溪滨水地段城市设计(城市设计导则)
城乡规划专业毕业设计 2020.06
图则编号 NO.01

"徽墨山水·梦"黄山屯溪外边溪滨水地段城市设计(城市设计导则)
城乡规划专业毕业设计 2020.06
图则编号 NO.02

节点设计

徽式步行街

老字号茶楼

民俗风情街

茶主题创咖

茶创工艺街

游客服务中心

茶主题民宿

鸟瞰图

01 现状分析　游园"今"梦

黄山市屯溪区外边溪滨水地段城市设计
HUANGSHAN TUNXI DISTRICT WAIBIANXI WATERFRONT SECTION URBAN DESIGN

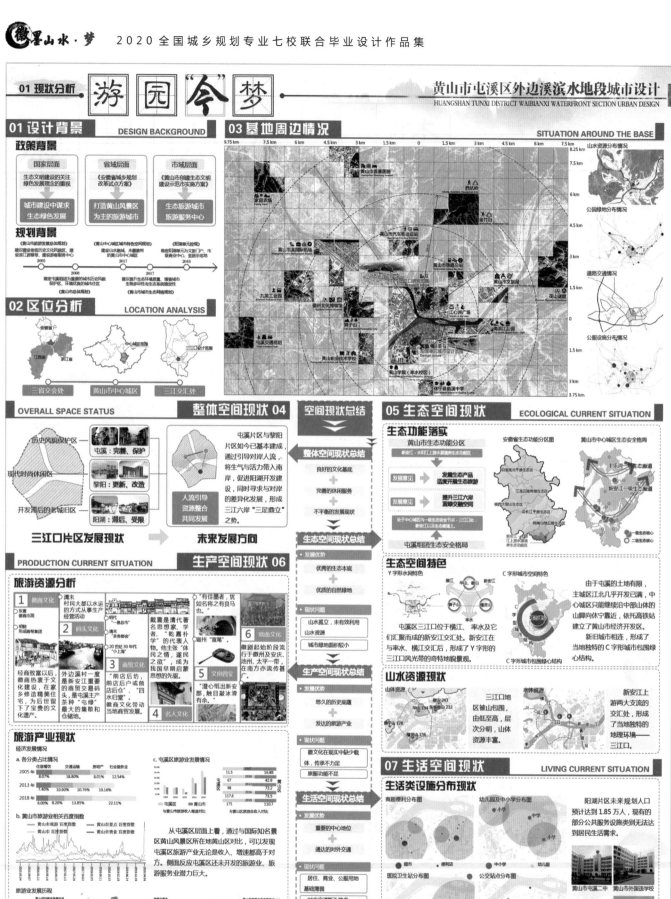

01 设计背景　DESIGN BACKGROUND

政策背景

国家层面	省域层面	市域层面
生态文明建设的关注 绿色发展理念之重视	《安徽省城乡规划改革试点方案》	《黄山市创建生态文明建设示范市实施方案》
城市建设中谋求 生态绿色发展	打造黄山风景区 为主的旅游城市	生态旅游城市 旅游服务中心

规划背景

2005　2008　2017　2018

02 区位分析　LOCATION ANALYSIS

三省交会处　黄山市中心城区　三江交汇处

整体空间现状 04　OVERALL SPACE STATUS

历史风貌保护区 — 屯溪：完善、保护
现代时尚休闲区 — 黎阳：更新、改造
开发滞后的老城旧区 — 阳湖：滞后、受限

三江口片区发展现状 → 未来发展方向

人流引导　资源整合　共同发展

屯溪片区与黎阳片区如今已基本建成，通过引导对岸人流，将生态与活力带入南岸，促进开发建设，同时寻求与对岸的差异化发展，形成三江六岸"三足鼎立"之势。

空间现状总结

整体空间现状总结
- 良好的文化基底
- 完善的休闲服务
- 不平衡的发展现状

生态空间现状总结
- 发展优势
  - 优秀的生态本底
  - 优质的自然绿地
- 现状问题
  - 山水孤立，未有效利用山水资源
  - 城市绿地面积较小

生产空间现状总结
- 发展优势
  - 悠久的历史底蕴
  - 发达的旅游产业
- 现状问题
  - 徽文化在现实中缺少载体，传承不力足
  - 旅服功能不足

生活空间现状总结
- 发展优势
  - 重要的中心地位
  - 通达的对外交通
- 现状问题
  - 居住、商业、公服用地基础薄弱
  - 对内交通断头路多

未来发展方向

生产空间现状 06　PRODUCTION CURRENT SITUATION

旅游资源分析

1. 徽商文化
2. 码头文化
3. 商贸文化
4. 名人文化
5. 文房四宝
6. 戏曲文化

旅游产业现状

经济发展情况

a. 各类占比情况

	住宿餐饮	交通运输	房地产	社会服务业
2005年	8.07%	18.80%	8.01%	12.54%
2013年	7.40%	10.90%	10.76%	10.16%
2018年	6.00%	8.20%	13.85%	22.11%

b. 黄山市旅游相关百度指数

c. 屯溪区旅游业发展情况

旅游业发展历程
1979　2000　2010　2015　2018　2020

05 生态空间现状　ECOLOGICAL CURRENT SITUATION

生态功能落实

黄山市生态功能分区
- 发展意见 → 发展生态产品 适度开展生态旅游
- 发展意见 → 提升三江六岸蓝绿交融空间

屯溪组团生态安全格局

生态空间特色

Y字形水网特色
C字形城市空间特色

山水资源现状

山体资源
三江口地区被山包围，由低至高，层次分明，山体资源丰富。

新安江上游两大交流的交汇处，形成了当地独特的地理环境——三江口。

07 生活空间现状　LIVING CURRENT SITUATION

生活类设施分布现状

阳湖片区未来规划人口预计达到 1.85 万人，现有的部分公共服务设施类别无法达到居民生活需求。

黄山市屯溪二中　黄山市外国语学校　阳湖镇政府　杨业功纪念馆

生态空间未来发展方向	生产空间未来发展方向	生活空间未来发展方向
利用现有山水格局 打造显山露水的景观体系 提升自然绿地生活化程度 提高自然绿地公共服务属性	寻求文化载体 将徽州文化与旅游产业相结合 建立旅游服务中心 完善交通服务设施	完善配套设施 整治低质量住区 完善交通系统 疏通内外人流 提高路网密度

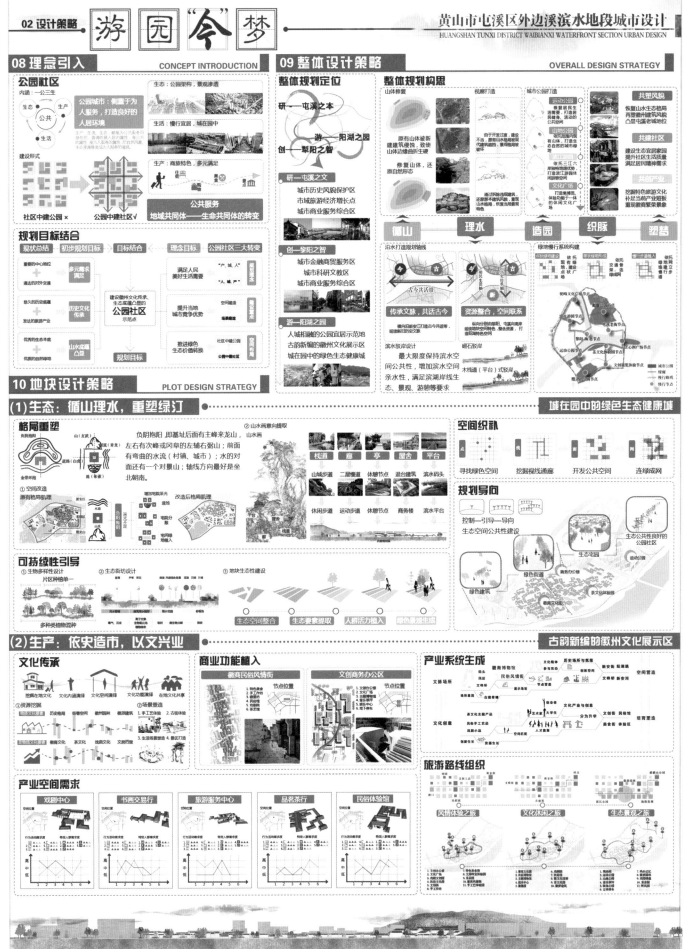

03 详细设计 游园"今"梦

10 地块设计策略
PLOT DESIGN STRATEGY

（3）生活：造园宜居，活力再现

人城相融的公园宜居示范地

人群需求

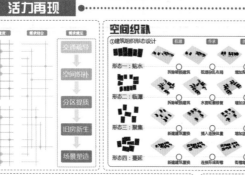

空间织补

① 建筑组织形态设计

形态一：贴水
形态二：临潭
形态三：聚集
形态四：蔓延

② 肌理演变过程

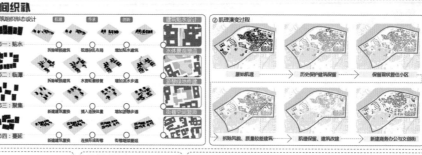

原始肌理 — 历史保护建筑保留 — 保留现状居住小区
拆除砌筑、质量较差建筑 — 肌理保留、建筑改建 — 新建商务办公与文创街

交通疏导

① 车行交通疏导
现状道路交通示意图 — 道路交通规划图

疏通现状交通、清理断头小路 — 提高内部道路等级，改内路为人行路

A-A 道路横断面　B-B 道路横断面　C-C 道路横断面　D-D 道路横断面

③ 分层交通设计
二层交通

二层步道
地面车行
地面步行
地面停车
地下停车

② 人行交通疏导
步行引导

人群出行　现状　道路直达　车辆直达　交通地廊
设计　小车限行　停车后步行　公共引导

分区提质

滨水宜居区
综合服务区
文创体验区
旅游商务区
生态休闲区

旧房新生

① 建筑修补
连接拆除
拆除建筑不规整部分，还原地块肌理
补齐轮廓
补齐建筑轮廓，凸现建筑关并

② 功能植入
通山野　读良书　传文化
观古史　创艺术　皖远山

场景重塑

结合空间策略，设计针对不同人群的公共活动空间。
1. 针对当地居民，设计运动健身、广场活动、青春活力等公共活动空间。
2. 针对外来游客，设计茶艺体验、戏曲观赏、文化科普、文创体验等活动空间。
3. 针对青少年，设计文创街、运动公园、山地公园等生活公共空间，促进青少年交流学习。
4. 针对中老年人，设计运动健身、临江散步、戏曲欣赏等体育空间，以舒暖生活压力。

11 地块平面设计
PLOT PLAN

总平面设计

场景意向设计

经济技术指标
用地面积：139hm²
建筑密度：35%
容积率：1.2
绿地率：40%

1. 观浪阁　　11. 市政府　　21. 徽商公园　　31. 下沉广场
2. 网球场　　12. 主题博物馆　22. 徽韵戏园　　32. 码头
3. 街角公园　13. 停车场　　23. 美食街　　　33. 立体停车楼
4. 羽毛球场　14. 文创办公楼　24. 博物馆　　　34. 大巴停车场
5. 运动公园　15. 商务中心　　25. 民俗馆　　　35. 娱乐会所
6. 康体步道　16. 音乐广场　　26. 文创街　　　36. 商业中心
7. 旅游酒店　17. 娱乐中心　　27. 主题馆群　　37. 游客服务中心
8. 观景台　　18. 幼儿园　　　28. 徽派园林　　38. 疗养院
9. 观景台　　19. 徽商风情街　29. 茶文化公园
10. 水闸　　　20. 文化馆　　　30. 徽商博物馆

04 效果设计

游园 "今" 梦

黄山市屯溪区外边溪滨水地段城市设计
HUANGSHAN TUNXI DISTRICT WAIBIANXI WATERFRONT SECTION URBAN DESIGN

12 整体效果设计
OVERALL EFFECT DESIGN

13 分区设计
PARTITION DESIGN

地块特征:文化创意 商务办公
1. 用地功能设计
本地块规划功能为文化设施用地及商务办公用地。
2. 道路交通设计
地块内设有二层步行交通,贯通东西侧地块,满足人行需求,同时设置1处半地下停车场,以满足停车需求。
3. 空间形态控制引导
地块内以新建绿色建筑为主,充分设置重重绿化,控制建筑高度,最应留黄山山体高点,由北侧黄河植被向华山体延伸。

地块特征:自然生态 休闲游憩
1. 用地功能设计
规划地块为公园绿地及行政办公用地,用地总面积为28.44hm²,规划为生态保留区。
2. 道路交通设计
地块外围道路主次干道配备,内部设置出出,硬质铺装为主,以满足游客的安全需要,同时地块内有一条山体景观道。
3. 空间形态控制引导
行政办公用地保留原有存留点,打造政务办公人群需求。

地块特征:居民居住 城市门户
1. 用地功能设计
本地块位于规划用地东部,现状用地以居住用地、景观娱乐用地为主,在城市总计中保留原有用地,改建部分用地为交通枢纽用地,规划地块的用地总面积为22.15hm²,规划以居住用地为主,打造城市门户。
2. 道路交通设计
由于地块靠近8地块旅游地产及游客服务中心,因此地块内内容量大众大巴等环绕型布局,以满足居民及游客停车需求。
3. 空间形态控制引导
以居民居住建筑风貌为主,控制新建筑高度及改建建筑风貌,打造以居有趣的的新徽派城市门户,同时利用地块内居民住小区区有开放空间,建立服务各分区的开放空间体系。

地块特征:旅游休闲 旅居房产
1. 用地功能设计
本地块位于规划用地北部沿溪沿江岸位置,用地总面积为44.08hm²,规划为旅游休闲用地,本地块功能为旅游度假居为主,商业用地、社会福利用地及居住用地等,功能完善的旅居用地。
2. 道路交通设计
由于地块西靠较容易,因而街道交通可增重于城市主交通1号上,限制机动车出入。
3. 空间形态控制引导
(1)建筑界面:以原有居住建筑风貌为主,控制建筑高度。
(2)开放空间:利用原有住宅用地开发建立文化体验区,打造内部服务部,拆除部分建筑,形成内地化的开放空间体系。

地块特征:居民居住、运动健身
1. 用地功能设计
本地块位于规划用地西北部,为现状在城市中保留原有用地而,开发建筑用地为旅游用地,规划地块的用地总面积为26.32hm²,规划为居民生活区。
2. 道路交通设计
地块内设一条主次干道为主次干道,由支系连接西侧城市主干道,同时配备便捷机动车出入口,分散布置主次干道。
3. 空间形态控制引导
以原有居住建筑风貌高为主,控制建筑高度,利用原有存留用地开发改造为运动公园,打通内部路径,形成山水视线通廊。

14 生产节点设计
PRODUCTION NODE DESIGN

文创商业街设计

徽商民俗风情街
1. 特色美食
2. 手工作坊
3. 徽画坊
4. 民俗馆
5. 戏剧院
6. 茶艺馆

文创商务办公区
1. 文创办公楼
2. 文化广场
3. 主题博物馆
4. 音乐草坪
5. 娱乐中心
6. 地下停车

未来空间畅想
初期
中期
后期
文化复兴 培育乡愁

徽商民俗风情街部分立面图

15 生活节点设计
LIFE NODE DESIGN

节点位置

1. 晨间漫道——运动公园
2. 千帆过尽——码头广场
3. 纷至沓来——山地公园
4. 曲径通幽——徽派园林
5. 茗香远播——茶文化公园
6. 徽调今绎——徽剧戏园

晨间漫道——运动公园
节点平面
节点性质 运动公园
面向人群 居民为主,游客为辅
节点主要功能 居民活动聚集地、休闲游憩、运动健身、山水视线通廊
节点透视

千帆过尽——码头广场
节点平面
节点性质 广场绿地、接驳平台
面向人群 游客为主
节点主要功能 绿植广场、码头文化传承地、水上交通接驳点、滨江公园入口处
节点透视

纷至沓来——山地公园
节点平面
节点性质 山地公园
面向人群 居民为主,游客为辅
节点主要功能 生态绿地、自然绿地
节点透视

曲径通幽——徽派园林
节点平面
节点性质 徽州园林
面向人群 游客
节点主要功能 徽州文化传承地、历史保护地
节点透视

茗香远播——茶文化公园
节点平面
节点性质 文化体验地
面向人群 游客
节点主要功能 产茶、制茶体验、茶文化传承
节点透视

徽调今绎——徽剧戏园
节点平面
节点性质 文化体验地
面向人群 游客
节点主要功能 手工业体验、徽剧欣赏、文化科普
节点透视

2019/12/14·黄山

安徽建筑大学 建筑与规划学院

黄山学院 建筑工程学院

■ 2020年联合毕业设计教学研讨会

■ 选题基地现场调研

2020/04/18·线上

安徽建筑大学 建筑与规划学院

■ 中期成果交流

2020/03/01·线上

安徽建筑大学 建筑与规划学院

黄山学院 建筑与工程学院

■ 联合毕设开题 八校老师代表发言

■ 专题讲座：

　《徽派建筑理念》

　黄山市城建设计院 陈继腾 院长

■ 任务书发布与解读

■ 任务书答疑

■ 八校教师教学研讨

2020/06/07·线上

安徽建筑大学 建筑与规划学院

■ 最终成果答辩

■ 联合毕业设计评优

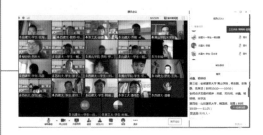

第十届"7+1"全国城乡规划专业联合毕业设计选题会

线上中期汇报检查

线上专题研究汇报与交流

线上毕业设计指导与课堂记录

线上中期成果答辩

◎ 安徽建筑大学 ◎

吴　强

于晓淦

张　磊

　　首先有幸作为第十届"7+1"联合毕业设计的一名指导教师，从去年选题的讨论、开题讨论、中期检查到最后的毕业答辩的交流中学习、收获良多，面对新冠肺炎疫情对教学的影响，联合学校积极分享各种有益的教学指导经验，各校同学们也能及时在线上共同克服设计中遇到的困难，表现出较强的适应韧性。回顾此次疫情对联合毕业设计教学的影响，个人认为疫情给了我们一次完整的线上教学实践机会，让我们不得不重新思考互联网对"非现场调研与设计"的影响，以及"多校联合混合教学"的可能。这些教学方式的转变恰恰能更大程度地解决学生学习实践中的时空约束问题，给他们更自主的想象和更宽的视野。当然，遗憾的是不能与同学们共同踏勘现场、一同探讨现状具体环境对规划设计的影响、一同体会徽州地区的文化氛围。毕业设计虽已结束，还是期待同学们今后有机会常来黄山游玩考察，感受我国地方生态文化的魅力！最后要特别感谢联合兄弟院校和黄山市城市建筑勘察设计院、黄山学院对我们承办方给予的宝贵建议与帮助！

◎ 北京建筑大学 ◎

张忠国

苏　毅

　　不被疫情中断的联合毕业设计：今年联合毕业设计遭遇了新冠肺炎疫情，安徽建筑大学和黄山学院共同克服困难，协助拍摄现场照片，在网上用 zoom 和腾讯会议等形式交流。今年相比往年，也涌现出一些有特色的作品。各校学生、老师之间的交流随着对网络信息新技术的运用，从传统空间更多走向了虚拟空间。综合来看：一方面，通过各院校这些年的努力，联合毕业设计作为一个校际学术交流平台正在日益成熟完备，因而具有较高的"韧性"，经受住了这次考验，仍有不少闪光点；另一方面，疫情也激发了各校老师的教研思考，呼唤进一步的城市空间的组织尝试的教学，以更好地创建健康城市。今年未能到现场调研基地、感受徽州文化，不能不说是本年度的一个遗憾，祝愿人类尽快战胜疫情，未来城市也变得更健康、更有韧性、更可持续。

◎ 苏州科技大学 ◎

顿明明

于　淼

　　数字"10"在我们日常生活中具有十全十美的吉祥寓意，同时也预言了在 2020 年这个特殊的年份里，第十届 "7+1" 全国城乡规划专业联合毕业设计的成功圆满。本次联合毕业设计的选题、开题、中期交流以及最后答辩都离不开安徽建筑大学的周密组织与安排。我校学生们也尽最大努力克服诸如无法现场调研等困难，利用各种技术手段进行"在线调研与设计"，最终呈现了相对满意的设计成果。联合毕业设计重在"联"与"合"，在这个收获的季节里，感谢主办方安徽建筑大学为各个高校教学与探索搭建了相互学习、共同发展的在线交流平台，期待明年再聚！

◎ 福建工程学院 ◎

杨芙蓉

卓德雄

　　这一届的联合毕业设计也要告一段落了，虽然是在这个特殊的 2020 年，虽然由于疫情不能去实地调研，虽然全程都和学生只在网络课堂见面，但是结果仍然是令人满意的，过程也仍旧是珍贵的。由于疫情的影响，无意间产生了新的辅导方式、新的交流方式、新的汇报方式，主办方精心的组织，也使得整个工作都在有序中高效地推进，由此也深深感受到过程远比结果要重要。精心地准备，大胆地尝试，反复地探索，构成了一幅幅生动的画面，也留给参与者难忘的回忆。

◎ 山东建筑大学 ◎

陈 明

程 亮

　　突如其来的疫情使第十届城乡规划专业"7+1"联合毕业设计变得极具挑战。项目基地选在徽州文化源地黄山市屯溪区的核心位置，大家在不能进行现场踏勘的情况下，需要对基地的现状和发展需求做出全面的分析和研判，需要寻找如何尊重现状、延续历史、遵循自然、尊重人文的破解之道。作为主办方的安徽建筑大学和黄山学院为我们提供了翔实的基础资料，黄山市城市建筑勘察设计院陈继腾院长的专题报告让我们对黄山市和基地的特色有了更深入的认知，这些都使疫情对联合毕业设计的影响降到最低。突发疫情也使我们更加审慎地思考城市规划的价值导向和城市发展的空间模式，探索实现城市可持续健康发展的有效途径。虽然面临各种困难，但通过大家的共同努力，在新的交流形式下各校都形成了各具创意和特色的设计成果。

　　"几夜屯溪桥下梦，断肠春色似扬州。"但就在成果即将付梓之际，惊闻紧邻设计基地的国家级重点文保单位安徽屯溪镇海桥被洪水冲毁，让人叹息。让我们多一些责任，多一些行动，使城市与自然和谐相处。愿古桥早日修复！感谢参与联合毕业设计的老师们、同学们，疫情终将过去，让我们期待明年的再出发！

◎ 西安建筑科技大学 ◎

邓向明

杨 辉

高 雅

　　"几夜屯溪桥下梦，断肠春色似扬州。"今年年初一场突如其来的疫情，虽然让我们错失游赏屯溪断肠春色的时机，但也让各校师生经历了一次特殊的毕业设计。同学们在没有进行现场调研，七校师生未曾谋面，本校同学也没有集中在一起的情况下，克服种种困难完成了各自的毕业设计。有此经历，相信今后专业上的任何困难也难不倒大家。本届联合毕业设计教学活动也许有遗憾，但相信更多的是思考和收获。遗憾的是同学们没有去现场，没有现场就没有体验，虽然现场调研可以通过其他技术手段来弥补，但城市设计现场体验不可或缺，不能替代。

　　同时，我们应该思考规划师在突发公共卫生事件中所担负的社会责任，规划教育在应对突发公共卫生事件中有所为有所不为。我们有收获，对全体师生来说，我们认识到了徽州文化的博大精深；对同学们来说，巩固了城市设计的知识和技能；对联盟来说，开启了一种全新的联合毕业设计教学模式。可谓收获满满。最后感谢承办方的付出，祝同学们前程似锦！

◎ 浙江工业大学 ◎

周 骏

龚 强

徐 鑫

　　今年的联合毕业设计留下了太多遗憾，其中一项便是没能与同学们一起寻访古徽州文化之美，受制于疫情的影响，我们的联合变成了"联网"，为应对新的变化，联合毕业设计教学活动也在积极寻找新模式、新方法，探索新的设计沟通方式，从前期的开题、中期的交流再到最终的毕业答辩，线上的联合依然热情不减，最终以这样一种难忘的方式完美收官。相信今年特殊的毕业季会让许多即将踏上新征程的同学永远难忘。

安徽建筑大学

滕 璐

随着毕业设计的结束，我的本科生涯也即将画上句点。五年的时光不仅收获了众多良师益友，也一路撞见了自己的多种可能。安建大是我的终点，也是我的崭新起点。回首过往岁月，我成长了许多，要真诚感谢的人也有许多。

首先我要感谢于晓淦老师以及其他的专业课老师，你们的每一次悉心指导和关心鼓励我都牢记于心，是你们带领我渐入规划的世界，感悟社会发展的万千变化，体恤城乡人民的生活就业，我将永远对专业充满热忱并将其视为我毕生追求的事业。其次要感谢白佳丽以及我的其他同窗们，匆匆毕业留下了太多的遗憾，心中的不舍无以言表，感谢五年来的陪伴，我们一起上课学习、旅游、考研、竞赛，共同分享着青葱岁月中的无忧无虑和欢声笑语，今后虽远隔千里，但依然结伴而行，祝福我们都有光明的未来。最后要感谢我的父母和爱护我的长辈，感谢你们一直以来的挂念，你们的每一丝温暖都照进我的心田，让我自信、自爱、自强，勇敢向前。

终于，我们将要开启未来星辰大海的征途，我会把这五年的点滴回忆留存在心里，化作对你们所有人的祝福，愿你们今天比昨天好，明天比今天更好！谢谢你们！

白佳丽

时至今日，为期近四个月的联合毕业设计画上了句号。现在回想起做毕业设计的整个过程，因为疫情的原因没能到徽墨山水的黄山现场调研是一个遗憾，但在这特殊的一年和搭档一起奋斗的日子更是让人难忘。在这里，感谢这次的平台让我们可以和来自不同学校的老师和同学交流、学习，感谢在毕业设计中给予我很大帮助的于晓淦老师以及陪伴我的搭档滕璐同学。

对于大学阶段的最后一个设计，有过困惑，有过焦虑，但最重要的是坚持奋斗和努力去跨越所有的困境，竭尽全力做到不留遗憾，这一段共同成长、实践、求索的经历实属珍贵。

如今临近毕业，有许多不舍，但更多的是收获。希望未来的自己也可以一直保持炙热，努力去看自己心目中的风景。朝来庭下，光阴如箭。别离难，不似相逢好。相信未来，风自在，扬帆而已。

罗 蓉

十分有幸能够参加本次联合毕业设计，这对于我不仅是对自己大学学习阶段的一次审查，也是一个和各校师生共同交流的珍贵机会。本次设计选取在黄山外边溪地段，如何展现该地段丰富的历史内涵和优秀的徽州文化是我们重点思考的方向。我们将地段定位为创意体验，区别于三江口另外两岸，同时又共同传承徽文化特质。我们期望通过重塑外边溪地段的空间形式，布置文化旅游，满足各种人群需求，使得外边溪地段成为徽文化传播地、惬意生活公共地。使地段焕发活力，绘制徽文化画卷。

设计过程中，有过感觉完不成的压力，有过不知道怎么继续的气馁，但最后，回想起更多的是老师的谆谆教诲，是朋友的鼓励认可，是最后完成的欣喜。

非常感谢本次指导老师对我的帮助和教导，感谢其他院校的老师提出的建议和指正，使我对城市设计的理解更加深刻。同时，观摩其他同学的优秀方案，也让我认识到自己的不足。本次毕业设计，是本科的终结，但可能才是规划生涯的开始。我会不断鞭策自己，专注学习，提升自我。

祝愿大家前程似锦，下次再会。

王慧蓉

五年大学生涯转瞬即逝，在这临别之际，非常庆幸自己能参加到这一次的"7＋1"联合毕业设计之中。联合毕业设计为各校师生提供了一个相互交流与学习的平台，共同探讨对城市问题和发展不同角度、多元包容的解决方案，让我学到了许多，受益匪浅。

回想起做联合毕业设计的过程，本次联合毕业设计选在黄山屯溪，今年由于疫情不能前往现场调研，有些遗憾，但通过线上网络调研也让自己认识到了一个不一样的黄山屯溪，感受到了徽文化的源远流长。在设计过程中，我们思考着在屯溪三江口已基本形成的三江三岸自然空间风貌格局下，运用城市设计策略以创造与自然山水环境相融合的城市空间，在基地历史文脉背景下，关注历史文化街区的保护与更新，希望重新激发外边溪滨水地段的独特魅力。

设计只是见解不同，没有对错之分。通过联合毕业设计，让我深刻地认识到设计需要权衡多个方面，不断地交流沟通，没有最好，只有更好。设计学习也是一个长期积累的过程，要始终保持不断学习、吸收新信息、新知识的热忱。最后感谢在本次联合毕业设计中，指导老师的悉心指导和组内队友的帮助与关心。过程曲折但受益良多，感谢经历过的一切，今后也会心怀感恩，继续前行。

周润泽

光阴似箭，时光如梭，眼前正在紧张而忙碌地进行着毕业设计。这项工作是对自己五年以来学习的检验，必须有扎实的理论功底和丰富的实践经验才有可能保质保量地完成预定的设计目标。

经过这些天的努力，毕业设计终于完成了。回想我们做设计的过程，可以说是难易并存。难在所学知识的综合与归纳，易于在此次疫情期间团队的合作和吴强老师的悉心指导。所以毕业设计对于我们来说，既是一次小小的挑战，又是对我们大学五年所学知识的测验。在做毕业设计的过程中，我们遇到了很多问题，如果不是自己亲自做可能很难发现自己在知识方面的欠缺，对于我们来说，发现问题并解决问题是最实际的。当我们遇到难题时，在吴强老师的帮助下，这些难题得以解决，设计也能顺利地完成。而本次城市设计让我们对如何做好城市设计有了本质的认识，通过"宏观感知"整体地把握地块内的一些背景知识，再通过"整体架构"提取出设计中的要素，在设计过程中"纵引横跨"开阔自己的思维，扩大自己的知识面，以"问道特质"将方案的特质性展现出来。整个城市设计严格地按照"象、形、境"三个层面进行，在设计中不断地锤炼自己的逻辑思维能力，强化自己的文字总结能力。

最后再次对吴强老师的倾心指导表示感谢，若没有您我们的城市设计不可能走得这么顺利，谢谢！

姜 航

不知不觉毕业设计已经快结束了，回首三个月前，从一开始怀疑自己能力的忐忑，到过程中进步的惊喜，再到临近答辩时的淡定，我想，这就是毕业设计带给我的最大收获——内心的磨练。

由于种种巧合关系，我们小组在前期每周进行公开汇报，给了我们每个人巨大的压力。而恰恰是这种压力，让我们每个人都尽力发挥自己的最大能力，一是自己的所言所做都代表着学校，二是想证明自己能做好，可能我的余生里很难再碰到这样的机会，在其他高校师生的讨论与检测下磨练和提升自己的专业素养。每当想到此处，我就觉得选择联合毕业设计是我大学期间做得最正确的一次决定。

回想当初的设计过程，从最开始师生互相交流的其乐融融，到前期筚路蓝缕，大家集思广益思考对策，再到最终成果的水到渠成，虽然途中也有短暂的松懈，但吴强老师及时的劝阻与循循善诱，让我觉得这其中的师生情感得到了升华，让我们与吴强老师之间不再只是师生之间的短暂交流。他成为了前行路上的引领者，带领我们思考设计风格的先驱者。

最后想说，毕业设计期间我学到的不再只是一种设计方法，而是一种生活态度。一种设计理念是精益求精的人生追求，亦是不到黄河心不死的顽强精神，这将是我受益终生的。

安徽建筑大学

李键祥

　　毕业设计，是我们大学里的最后一道大题，虽然这次的题量很大，看起来困难重重，但是当我们实际操作起来，又会觉得事在人为，只要认真对待，所有的问题就能迎刃而解。

　　毕业设计是一个过渡时期，是我们从学生走向实习岗位的必经之路，在不长不短的设计过程中，我发现自己主要得到了以下收获：① 遇到什么疑惑的问题应该首先自己独立地解决，而不是未加思考就随便问，古人也常说三思而后行；② 认真对待每一件事，哪怕看起来很小的事，只有处理好每一件事，才能尽可能地避免麻烦的事情出现。

　　最后，想在此对我的指导老师和同学们表示忠心的感谢，感谢他们在这次毕业设计过程中给我的帮助！

戴善勇

　　非常有幸能够参与这次的联合毕业设计，作为大学期间最后一次的大设计，既是对所学基础知识和专业知识的一种综合应用，也是一种综合再学习、再提高的过程。在完成毕业设计的时候，我尽量把毕业设计和实际工作有机地结合起来，实践与理论相结合。这样更有利于自己能力的提高。亲身去实践的过程，不仅仅锻炼了我们理论上的能力，在实践上同样是一种很好的锻炼。在设计中要保持清醒的头脑，不断接受新事物，遇到不明白的要及时请教，从中获益，让自己的思想也不断得到修正和提高。

　　感谢我的指导老师在毕业设计期间给我的帮助，同时也感谢每一位在毕业设计过程中一起学习奋斗的同学，没有你们我也同样完不成这次的设计。

周静娴

　　随着毕业答辩的结束，为期三个多月的毕业设计已经结束，大学五年就要告一段落，新的旅途即将开启。此次联合毕业设计是一场学术的交流，我领略了各个学校的风采，也认识到自身的不足，还需要继续努力。这一过程，忙碌而充实，疲惫也感动。此次毕业设计因疫情影响，没能亲自去黄山调研，也没能跟同学、老师一起面对面交流，但黄山深厚的文化底蕴和人文气息，以及"徽墨山水·梦"的意境已经深深印在我们的脑海中，并通过一次次的线上交流和最终的线上答辩，完成了我们的学习目的，也诠释了疫情下新的学习方式。

　　感谢母校安徽建筑大学在特殊时期圆满承办了此次联合毕业设计，也要感谢指导老师的悉心教诲与经验传授、队友们的协调互助设计，使这次的联合毕业设计特殊而更有意义，圆满地画上了句号。

黄敏霞

　　毕业设计像是一场苦乐参半的旅行，路程再难也难抵初心热烈，那些日子值得被铭记……十六周已然过去，我们的毕业设计也接近了尾声。我此次有幸参加"7+1"联合毕业设计，参与了黄山外边溪滨水地段的线上调研与设计。

　　本次毕业设计也是本科阶段的最后一堂设计课，也是对五年来学习内容的总结和应用。我们从规划的旁观者到入门者再到初级的实践者。这次毕业设计使我也明白了原来自己的所学知识远远不够、要学的东西还太多。以前总有些眼高手低，本次联合毕业设计过后，我更加意识到学习是一个长期积累的过程与设计，无论是在以后的工作还是生活中都应该不断学习，努力提升自己的综合素质。

　　在此特别感谢老师和队友的帮助，让我的大学生涯画上一个圆满的句号。由于疫情的缘故，在设计过程中缺乏了实地调研，老师们通过线上的各种指导和资料的提供，有效地帮助我们认识基地与了解课题。同时也感谢一起参加联合毕业设计的其他学校，谢谢大家的投入，让本次毕业设计更有意义！

史海静

　　时间如白驹过隙，我在大学里的最后一个设计——联合毕业设计终于也画上句号了。现在回想起做毕业设计的整个过程，有欢喜也有遗憾，在这里，尤其需要感谢在联合毕业设计中给予我们组很大帮助的于晓淦老师，以及感谢我的搭档杨志鹏同学和范孝贤同学，尽管不都是同一所学校，但我们合作得很愉快。

　　感谢老师们的努力工作，毕业设计的整个过程都离不开老师们的悉心指导和宝贵指点，同时感谢我的家人，在我求学期间对我生活的帮助和理解，以及对我学习任务的支持。最后感谢我的搭档杨志鹏同学、范孝贤同学以及那些帮助过我的好友们，有了你们才有这次毕业设计的成果，让我不是一个人在战斗，和同学们一起努力学习、快乐生活。祝大家都有一个美好而精彩的未来。我以激动的心情结束了此次联合毕业设计，最后再次感谢至此一路教导我的老师、支持我的家人和共同协作的同学们，谢谢！

杨志鹏

　　我想，生命中的每一段旅程都不会是踽踽独行，总有在你前方为你指明方向的人，总有在你身旁与你相互鼓励的人，总有在你身后给予默默支持的人。在这次联合毕业设计为期近四个月的旅程之中，很感激我遇到了为我指明方向的老师，很荣幸有两位队友的陪伴与鼓励，很感恩家人对于我生活上的悉心照料。属于我们的五年的大学时光终要画上句号，每一个人都要奔向属于各自的前程，希望我们的前程都明媚灿烂，愿多年后的我们即使面对平淡如水的生活也还可以回想起关乎大学的美好记忆，依然怀着那份纯真与火热。

　　最后，感谢和感恩大学生活中所遇到的老师、同学以及每一个人，在这段我最为珍惜的青春时光中，是你们陪伴了我，感恩与你们的相知相遇，谢谢！

北京建筑大学

赵安晨

随着毕业日期的临近，我们的毕业设计也即将画上圆满的句号。本次毕业设计是对我们五年本科所学的一次综合运用，同时由于疫情的影响，我们不得已采取了远程协作的方式完成本次毕业设计，这对我们来说也是一次挑战。在本次设计中，我们尝试跳脱出传统的就空间论空间的设计手法，在设计着眼点、前期研究、理念生成和落地等阶段，尝试从多元群体的权益入手，探索隐藏在空间背后的经济、社会机制，再反馈指导空间设计，最终完成本次毕业设计。

在此要感谢我们的指导老师张忠国老师和苏毅老师的指导和帮助，使得我们组的设计得以不断完善；同时，也要感谢我的两位组员，在彼此的交流中，帮助我获得了提升。

在未来的学习生活中，我将不忘初心，砥砺前行！

郑 彤

"一生痴绝处，无梦到徽州。"这本是汤显祖的一句暗讽与自嘲，反而让人好奇历史上商贾云集、市井气浓厚却又云雾弥漫、山峦掩映的徽州，如今到底是什么样子。从晚冬到初夏，心心念念的徽州在新冠肺炎疫情的阻隔下离我们越来越远。错过了雪被下的马头墙和黄花三月中的青瓦白墙，但徽州的景象却随着毕业设计的推进在我心中逐渐明晰起来。

最特殊的一届毕业设计，虽有遗憾，但其中经历与感悟必定是独一无二的。从虚拟调研到线上汇报，从安徽建筑大学的公开课到我们组隔三岔五的小组会，我所收获到的并不比往届少。很感谢数月以来张忠国老师和苏毅老师对我们的悉心指导和鼓舞鞭策，也很幸运有陪我度过毕业焦虑期的搭档（一个乐观洒脱，一个严谨负责），从他们身上学到了很多，从而有了我们三个人的共同努力才有了最终比较满意的成果。最后要感谢此次联合毕业设计的所有老师和同学。希望未来的大家都能在各自的道路上无畏挫折、坚定前行，祝好！

罗 茜

时光飞逝，很快就到了毕业设计结束的时候。想起选题成组、拿到任务书的那天，仿佛还在不久之前。大学五年似乎也是这样匆匆而过，我从对规划专业一无所知、十分懵懂和迷茫，成长到了可以参与完成一个完整的毕业设计。这次的毕业设计对我来说是人生中一段值得珍藏的旅程。

在之前的课程中我们做的课题多数都是北方的地块，通过这次毕业设计我对徽派建筑也有了一些了解和认识，体会到了南方不一样的小巧雅致的美。在做毕业设计的几个月里，我认识到了自己专业技能方面的不足和欠缺，有了一些成长。在这个过程中遇到了大大小小的问题，感谢老师们的悉心教导和帮助，一次次为我们的方案设计和思路提供好的建议。我的组员身上也有很多值得我学习的地方，每一次小组讨论都给整个设计注入了新的活力，谢谢大家的辛苦付出和耐心、包容，未来也一起努力吧！

王兆宇

本科阶段的最后一个设计结束了，这是迄今为止我主导的最满意、最完整的一个设计方案，从工作方法到设计框架，再到设计的核心理念，都是我所希望呈现的内容。中国的城镇化处在一个转型的阶段，城镇化的进程在大城市放缓，目标逐渐转移到一些二三线的城市中。由于城市职能存在差异性，这类城市的城镇化进程也必然体现出差异性。在如今城市设计千城一面的环境下，通过挖掘城市历史的方式展示城市个性，从而得到所谓"搬不走"的城市设计方案，是我对当下城市设计的思考。

感谢我的老师支持我的想法并提供了理论方面的支撑；感谢我的组员认可我的思考方式并协助我将想法落实，完成本次设计。这个设计本身并不完善，但工作的过程中承载了我对于城乡规划学科的许多思考，十分宝贵。

孔吉宁

我很荣幸参加了本次联合毕业设计，各学校老师与同学之间的交流、思想的碰撞，都令人受益匪浅。这次的毕业设计似乎从云调研开始便困难重重，好在我们设计的积极性没有衰退，毕业设计顺利接近了尾声。本次我们的地块有着文化和山水的双重性质，我们也抓住了它的潜力，打造文化旅游圈带，为地块注入活力。

设计中，我们除了关注徽州山水的自然风光，注重景观视廊的营造，还紧扣博古承今的主题，抓住"徽梦"的精髓，希望可以给人带来时间与空间变化的奇妙观感，所以营造了一条古今的文化轴线，从东边的历史街区，到西边的高新产业园区，阳湖地区的发展翻开了一个又一个的篇章，我们希望人们行走其中，可以感受到城市的脉络、历史的变迁，这也是我们对徽墨山水·梦的诠释。

徐书凝

毕业设计马上就要迎来终期答辩了，紧张忙碌的赶图生活也即将告一段落了，在这一刻，心情是轻松的，但收获却是沉甸甸的。经过这学期的毕业设计，我学到了很多。毕业设计作为我们在学校的最后一次课程设计作业，是我们最接近工作岗位的一次实践，同时也是要求最严格的一次作业，所以我对待毕业设计的态度也是十分严谨认真的。首先我选了城市设计方向的课题，是为了弥补自己在城市设计上的不足，之前的设计往往注重理性，而忽略了培养营造"美"的素养，所以我最大的收获还是在知识体系上弥补了城市设计板块的不足，并找到了规划在理性和感性之间的平衡。当然在其他方面也有着众多的收获，例如小组合作、汇报答辩、软件使用等方面。

杨初蕾

　　本次毕业设计历时十几周，经过这段时间的学习与磨炼，我发现毕业设计是对前面所学知识的一种检验，也是对自己能力的一种提高。通过这次毕业设计，我明白了自己还需要不断提高。现在的设计多关注人、自然以及城市的协调健康发展，能设计出一个人可以健康生活的城市是作为一名城乡规划专业学生的责任与使命。如何能够协调人的需求、生态的保护、文化的传承和城市的发展这几个方面之间的关系是规划设计中的重要方面，也是我在本次设计中重点关注的方面。

　　我要感谢帮助与支持我的指导老师，感谢组内的同学。本次设计无论是虚拟调研、方案设计还是后期表达与毕业答辩，老师们都为我们组指点迷津，帮助开拓设计思路。正是由于老师们的付出，我才能在各方面取得显著的进步，在此向老师们表示我由衷的谢意！

李翼飞

　　毕业设计进入了尾声，经过十几周的奋战，我的毕业设计终于完成了。在没有做毕业设计之前觉得毕业设计只是对这几年来所学知识的单纯总结，但是通过这次毕业设计我发现自己之前的看法过于片面。毕业设计不仅是对前面所学知识的总结，还是对自己能力的一种提高。此次设计我选的是联合毕业设计的题目，大家的督促促使我不断精进自己的方案。

　　我此次的方案主要是在恢复传统文脉、传承当地文化底蕴的前提下植入现代生活，尝试探索传统文化与现代文化的碰撞交融。在设计过程中有些问题让我头疼，但也正是这个过程让我逐渐成长起来。在漫长的毕业设计中，我意识到学习是一个长期的积累，在今后的学习工作中都应该不断学习，努力提高自己的知识和综合素质。

邓　岳

　　毕业设计是本科学习阶段一次难得的理论与实际相结合的机会，通过这次比较完整的城市设计，我摆脱了单纯的理论学习状态，理论学习与实际设计的结合锻炼了我综合运用所学知识、解决实际问题的能力。同时由于是云调研，也提高了我查阅文献资料、设计手册、设计规范以及电脑制图等方面的能力水平，同时通过对整体的把握，对局部的取舍，以及对细节的斟酌处理，都使我的能力得到了锻炼，经验得到了丰富，并且意志品质、抗压能力以及耐力也都得到了不同程度的提升。这都是我通过毕业设计所获得的。

　　这次的城市设计是黄山市屯溪区外边溪滨水城市设计，我们主要的设计思路是从目标导向性逐渐转到问题导向性。随着对地块的了解，我们的设计思路也逐渐清晰。顺利如期完成本次毕业设计是走出校园的第一步。最后想感谢我的老师、同学，在他们身上我不仅学到了扎实的知识，也体会到了做人的道理。

林道明

　　我作为组长，与其他两位同学一起做的毕业设计已经接近尾声。这一学期与老师们一起经历了独特的难以复制的线上教学课程，在与老师、同学沟通的过程中也有了许多新的体会。

　　本次小组设计一波三折，小组成员有考研复试的，有在实习准备入职的，在完成设计时每个人能投入的时间与精力不同，又经历着完全线上的不便的交流以及中期方案颠覆性的重做，我们面临的压力也比较大。

　　在具体设计内容上，我们想在地块内实现的是现代江南的旅游生活方式，将黄山老城区打造成现代旅游城市，吸引国内外游客，拉动整体经济发展。我们通过设计实现地块从江到山阶梯状的高度退让以及山水之间的轴线联系，体现江南徽州水乡人与自然和谐共处的理念。因为时间有限，设计并没有深化。希望未来有机会细化节点方案，从平面与立面空间上完善方案。

魏冠楠

　　近几个月的毕业设计感受颇多。在还未开始之前，其实对毕业设计只有一种想象，以为最后我们的图纸会像往届一样挂在学校某个展览厅，一幅幅巨大的画卷是每个同学为自己五年所学做的简单注解；同时在做毕业设计的过程中，我们兴分又会互相借鉴，凑着脑袋观看别人电脑前的进度。

　　然而今年这场疫情迫使大家改变了以往做事、画图的方式。我们每周定期和老师线上交流，课后小组远程协作，在 QQ 和微信之间传送各种文件图纸。新的协作方式降低了我们的效率，如果没有会议记录其实也很难在一场小组会议中把一些想法固化下来，这其中包括我们似乎想起了许多新点子又随后毫不在意地失去了他们。同时，同学们各有自己的生活节奏，出国申请、面试应聘等穿插在我们的毕业设计当中，有时感觉毕业设计仿佛是这段时间内最不重要的事情。

　　不过我们还是像往常的课程设计一样，走过了应有的程序，唯一的遗憾是无法实地调研。在组员互相体谅、互相帮忙的结果下，经历了多个设计周后我们最终完成了毕业设计成果。感谢一直支持着我们的老师和身边的人，使得毕业设计能帮助我们尽快成为一个城市规划准专业人士。

姚雨晴

　　随着毕业日子的即将到来，我们的毕业设计也画上了圆满的句号。毕业设计是我们学生生涯的最后一个环节，不仅是对所学基础知识和专业知识的一种综合应用，更是对我们所学知识的一种检测与丰富，是一种综合的再学习、再提高的过程，这一过程对我们的学习能力、独立思考及工作能力也是一种培养。

　　这次毕业设计中，我们的课题是针对安徽省黄山市屯溪区的阳湖镇外边溪地块进行设计，作为一个地道的北方姑娘，我对南方的山水、建筑、文化等的理解并不深刻，因此在前期遇到了很多困难，这让我明白了学习是一个长期积累的过程，在以后的工作、生活中都应该不断学习，努力提高自己的知识和综合素质。

　　对于本次毕业设计受疫情影响没能前去现场调研，我觉得非常遗憾，希望在暑期可以有机会前往屯溪区，感受一下这与北方截然不同的文化氛围。

　　最后，感谢在毕业设计期间，为我们提供了诸多指导和帮助的老师，您们辛苦了！

苏州科技大学

赵一啸

线上云：以效率为导向——设计地块片区以未来之芯作为城市整体运营及管理的核心，以大数据作为切入口，对城市的三元层面进行统筹。在人类社会层面，收集外边溪市民对于不同事物的不同看法，对城市内部的交通拥堵情况、自然资源、生态循环的评价进行收集整合。

线下云：以体验为导向——线下云的构建，不光保留了黄山市徽派建筑的肌理，同时高密度社区也解决了阳湖片区的居住问题，这时候便有大量的地面空间有剩余。设计将以农耕文化及宗族文化作为切入点，将线下公共农田种植与宗族概念进行融合，塑造出独特的徽派公共空间。

这一次的毕业设计一波三折，没有了线下的手绘功底，方案设计的生成也变得一波三折。但中期汇报过后看到外校的同学也依旧在克服困难，尽自己全力完成大学生涯里最后一次专业课设计，对我有很大的感触。不论怎么说，设计已经接近尾声了。而在以后的实习工作中，我们也应该同样努力，不求最好，只求更好！还有就是，想在此对我的指导老师和同学们表示忠心的感谢，感谢他们在这次毕业设计过程中给我的帮助！

郑子潇

今年的毕业季注定是不同寻常的一季，受到疫情的影响，毕业设计几乎90%的过程都是同学与老师之间齐心协力，以线上与线下教学相结合的模式共同完成。毕业设计是我们学生时代最重要的环节，是我们步入社会参与实际工作的一次极好的演示，也是对我们自学能力和解决问题能力的一次考验，是学校生活与社会生活间的过渡。在完成毕业设计的时候，我尽量把毕业设计和疫情有机地结合起来，实践与理论相结合，这样更有利于自己能力的提高。而作为未来的规划行业的工作者，我们对于规划的思考也在这次疫情背景下进行了一定的改变。首先从宏观层面来看，疫情影响下人们的社交与现如今城市规划的整体思路理论是不同的，传统城市都是以人群聚集形成相应的交流场所，从而带动周边地区及整个城市的经济和活力，而疫情影响下人们变得尽量避免相互之间的交流，保持安全距离。

再者从资源配置层面来看，这次武汉防疫最重要的一个举措便是方舱医院的设立，这一举措将症状较轻的病人进行了集中隔离救治，这也使得疫情的传播没有再一次蔓延。而方舱医院的设置点大多都在城市内的体育场馆，这样的公共设施在面对重大灾害时所具有的弹性使得这样的措施十分有效。但我们仔细思考，若这次疫情的主战场换在了其他的城市，其公共资源所具有的弹性是否能够应对这样类似程度的重大灾害。因此对于此次疫情背景下的城市设计，我们更加需要思考的是线上活动与线下活动之间的联动问题。因此我们对于设计地块的定位更多地是围绕这两个方面进行展开，也给出了我们自己的构思。

王佳钰

本科五年，很庆幸自己能在最后一学期参加七校联合毕业设计。设计对象是安徽省黄山市屯溪区三江口片区，这次设计分两个层级，一个是片区层面的概念规划，一个是地段层面的城市设计。第一堂课老师就告诉我们此次毕业设计是一个带有研究性质的规划设计。因此，大家选择将时间和精力更多地花在现状研究和发展定位论证上面，先对基地进行系统性的分析，避免走拍脑袋下定论的老路。通过八大专题的现状剖析，我们总结出外边溪地块的资源是优美的山水环境、深厚的徽州文化以及优越的地理区位，核心问题则是这些资源没有得到较好的利用。根据上位规划、现状梳理以及对任务书的解读，我们发现旅游业是外边溪发展的关键词，并且对这一设想做了具体的论证。结合旅游市场现状和外边溪自身条件，我们认为外边溪应增补休闲娱乐度假体验项目，打造温馨的"城市客房"，从而延长黄山市旅游链条。有了这样一个清晰的定位，我们构建了目标以及策略体系，针对不同人群划分不同的主题度假板块，对各类业态功能进行定位、定量，从而落实到具体的空间形态设计。

这次联合毕业设计让我牢牢掌握了"调查—分析—规划"的基本思路，也让我认识了自己在研究性思维方面还有很长的路要走。在此衷心感谢疫情期间顿老师、于老师的耐心指导，以及其他七位同学的大力相助。总之，毕业设计会谢幕，学习无止境！

宋天瑜

很高兴学校能给我这次联合毕业设计的作业机会，能够作为我大学生活的一个收尾，虽然中间也有因种种因素而无法发达到尽善尽美的缺憾，但这次设计所带来的经验也难能可贵，甚至于我而言是圆满落幕的毕业设计。

当时拿到设计题目和展望的时候确实感觉到棘手，对于设计如何体现出文化传承，甚至如何释义"梦"的部分感到不知所措，感谢导师的逐步引导，结合我和队友所做的专题报告，我们最后选择了从旅游方面入手，并分析出了外边溪地段缺少相应旅游服务设施的结论。这个不可缺少的结论贯穿我们的设计，可以说是具有导向性的明灯主题，一下子使得我们的设计有始有终。真的很感谢导师对于我们的想法选择了鼓励，让我们放手去做，并且不拘泥于保留与控制的制约要素，在合理的范围内开创出了并不是作为"城市客厅"等门户一样的存在，而是作为"城市客房"这样辅助性的业态总结，这样的经验在之后的学习工作中估计也逐渐偏少了。在答辩过程中，虽然也因时间与经验的关系没有把我们的理念充分表达，但我很高兴看到我们设计的特色，以及与其他同学设计的不同之处。我个人认为这样的特色应该在我今后的相关专业发展上有所保留以及发扬。

丁彦竹

五年时光匆匆，我也已经到了快毕业的时候。很荣幸能够参与到此次"7+1"联合毕业设计之中。因为此次疫情，我未能亲身体验黄山城市的魅力，没能与老师、同学进行面对面的交流，没能在大学校园中继续学习，但仍然心存感慨，感谢积极提供相关材料的同学与老师，感谢老师每周细心的线上指导交流，感谢一起画图汇报的每一位同学，感谢这次特别而又难忘的经历。

这次的毕业设计，处于疫情的语境之下，我们便进行了深刻的思考：城市规划与设计究竟能为人们做些什么呢？于是便融入了一健康街区的概念，将空间设计、公共活动策划、网络组织等共同置入我们的方案，以"时空演绎多维共创"的方式来进行设计，并在与各校老师的交流中不断优化、深化、细化，最终形成我们的成果。我深深地明白，我们的成果虽然稍显稚嫩与欠缺，但我们体会到了通过我们的力量确实能让城市变得更好，我们也会在老师的建议与指点下，朝着更好的方向走去。这几个月的时间里，从最开始的前期研究分析、定位愿景、案例查阅到中期的方案初步形成再到后期的方案细化等等过程中，我们遇到了各种各样的问题。而通过线上学习这种方式去和老师、同学分享时，口头表达技巧起到了很大的作用，我如何通过精炼的语言让人明白你的问题和重点也是我需要掌握的技能。我的表达能力也在一次次的演练中，有了明显的提高，这有利于我今后更有效率地工作、学习。面对问题，迎难而上，坚韧不拔也是我五年学习生活中最深的感悟之一。努力不一定会有好结果，但不努力你将永远在原地，到达的路或笔直或弯曲，我希望我的运动状态一直是朝着前方的。

最后，我想说，这次毕业设计，是我的大学时代最后的作品，为我的五年画上了圆满的句号。它虽然不完美，但它真实诚恳、昂向上。再次感谢为此付出的每一位老师，愿每一位同学珍重奋进，跃入人海，各有风雨灿烂！

廖若涵

此次毕业设计很特殊，由于疫情的原因没有进行现场调研，只有网上教学，体会不到的是设计方向。毕业设计是我们作为学生在学习阶段的最后一个环节，是对所学基础知识和专业知识的一种综合应用，是一种综合的再学习、再提高的过程，这一过程对学生的学习能力和独立思考及工作能力也是一个培养，同时毕业设计的水平也反映了大学教育的综合水平，因此学校十分重视毕业设计这一环节，加强了对毕业设计工作的指导和动员教育。

在做毕业设计的过程中，我遇到了很多困难，而且很多是以前没遇到过的问题，如果不是自己亲自做做，可能就很难发现自己在某方面知识的欠缺。对于我们来说，发现问题，解决问题，这是最实际的。

毕业设计是我们大学里的最后一道大题，虽然这次的题量很大，看起来困难重重，但是当我们实际操作起来，又会觉得事在人为，只要认真对待，所有的问题也就迎刃而解。从最初的找材料开始，通过不断的选择，最后才确定下来一份可用的材料，然后是自己对这份材料的初步认识和了解，再是对这份材料的修改，到实践上同样是一种很好的锻炼。在设计中要保持清醒的头脑，不断接受新事物，遇到不明白的要及时请教，

苏州科技大学

王 宇

　　2020年的这一个学期，因为疫情，变化颇多，毕业设计没有到实地调研实属一大遗憾，有机会一定会去三江口看一看。本次方案在"徽墨山水·梦"的主题词之下展开，我们组以徽文化为核心，把打造徽文化国际展示窗口作为设计定位，对外边溪地段进行城市设计。开题时大家一起云调研，通过任务书及附件进行资料收集，老师带着我们一步步地推进方案，从现状，到专题研究，到定位，到规划策略，再到方案生成，我们对外边溪有了一个全新的理解。

　　在毕业设计的过程中，我逐渐认识到自己的不足。非常感谢我的队友，她的思路很清晰，在合作作业的过程中我成长了很多。老师和我们的交流始终是网课的形式，虽然大家没有线下沟通，但老师通过电脑屏幕教给我们的东西仍然很多，不仅仅局限在方案设计上，以后工作会遇到的问题和在设计上要有怎样的思路，老师也会很耐心地讲给我们听。

　　时间过得很快，在一周周的任务提交、方案推进之后，迎来了终期答辩的时刻。非常感谢联合毕业设计这个机会，非常感谢老师们和同学们带给我的帮助，毕业设计的整个过程都很难忘，我以后会更系统地去看待城市设计，更加全面地、多角度地思考问题。谢谢你们！我们每个人都很棒，愿大家以后都会越来越好，我们共同进步！

刑丽云

　　毕业设计是本科学习的最后一个环节，也是对五年所学的专业知识和专业技能的综合运用的过程，是我们本科阶段最后提升自我的关键一步。本次的毕业设计地块位于黄山市三江口片区的外边溪地段，由于疫情的原因无法采取现场调研的方式，于是我们对地块进行了"云调研"，主要通过百度街景图来感知基地。在进行研究的时候，我们一开始十分摸不着头脑，理不清楚思绪，是顿明明老师和于淼老师帮我们建构了逻辑思维框架，引导我们一步步去挖掘基地特质，确定目标，最终得出方案设计并不断深化。本次的设计是从任务书和基地问题出发，我们每个人研究了一个专题内容并整合所有专题确定基地定位。我们本次毕业设计的定位是"国际化"的外边溪，并且根据基地的定位进行功能策划和空间设计。

　　在毕业设计的过程中，经历过逻辑建构和目标确定，也经历过从目标到方案落实过程中的不匹配，过程并不轻松愉悦，但好在结果无愧于自己。我和我的搭档王宇的配合总体来说十分默契，互相理解、互相支持，在这个探索学习过程中取长补短、共同进步。总体来说，这次联合毕业设计的经历是十分宝贵的，使我们可以有机会走出校门看看别校同学的新思路和新方法，互相学习。同时，也作为代表苏科大的学生，自己无形之间有了一种压力，使得自己对待毕业设计的态度更加虔诚和勤勉。我想，在未来的学习和工作中，我将更加了解团队合作的重要性也更加虚心地去学习，我认为这是此次毕业设计最大的意义。

黄山学院

陈楠楠

　　韶华易逝，流年似水，为期近四个月的联合毕业设计终于可以画上圆满的句号了，回忆整个过程，有欢笑也有遗憾，对我而言更多地是学了许多新知识。

　　"一生痴绝处，无梦到徽州"，我在黄山这座城市生活了四年，对她的一山一水、一花一树充满了热爱与怀恋，希望有机会能更加深入地了解这座城市。我在机缘巧合之下参加了本次联合毕业设计是无比荣幸的，在与两位安建大队友组队的过程中，她们的设计思维、专业素养、色彩运用等方面使我受益匪浅。再一次感谢老师的支持和队友的帮助，珍惜这段一起走过的不寻常的岁月，它所给予的成长与历练给了我们迎接更多挑战的勇气，无论何时回首都能温暖如初，风雨无阻继续前行。愿我们的未来能书写出更动人的精彩画卷，愿我们的余生能为所热爱的规划事业砥砺奋进，星光不问赶路人……

范世耀

　　很荣幸能在大学的最后一学期里，参加这次"7+1"联合毕业设计。在初期任务书的解读—专题研究—中期汇报—最终成果出炉的近四个月过程中，我遇到了很多难题，甚至有很多都是以前没有经历过的问题，也让我认识到自己还有很多知识方面的不足。不过，幸运的是有老师和同伴的帮助，问题最终还是得以解决。特别是吴强老师治学严谨的态度、对待学问的方式让我受益颇多，"宏观感知，整体把握，纵览横跨，问道特质"这句吴老师常说的话也在我们的一次次学习中实践着，越是学习越感渊博。

　　三人行，必有我师。队友的不断帮助，不仅让我的知识更加丰富，也让我在软件技术上更上一层楼。这次的经历，在锤炼我理论能力的同时，也让我学习更好地分析思考问题，让理论知识与实践能够有机地结合在一起。

范孝贤

　　经过近四个月时间的努力，我们的联合毕业设计也进入了尾声，针对这次任务，我们小组进行了认真刻苦的工作，在这次设计中，我们在充分把握了任务的设计要点和空间的特质性基础上提出了设计改造策略，从产业转型到空间引导，同时注重生态重塑，打造独特的徽文化城市名片，体现当地文化的同时展现城市风貌。

　　回想整个过程感受颇深。这次联合毕业设计让我们进行了一次独特的跨校合作，让我认识了我的优秀队友们，非常感谢有他们的帮助。此次设计也让我深刻认识到了自身的不足，敦促着我向着更加优秀的方向去发展，也为以后的学习和工作指明了方向。

山东建筑大学

王星达

　　白驹过隙，时光荏苒。随着毕业设计答辩的结束，为期三个多月的毕业设计也接近了尾声，标志着自己五年的大学本科生涯画上了一个句号，自己也将面临新的挑战。

　　本次毕业设计是黄山市屯溪区外边溪地段的城市设计，我们主要针对基地所处三江口的特殊区位以及基地所承载的丰厚的历史文化做出相应设计，通过分析基地现状问题进行空间重塑、文化重塑、功能重组，达到活力振兴、山水相依、文化复兴的设计意图。新冠疫情期间的联合毕业设计过程是特殊而又充实的，网络评图、交流带给了我们新鲜的体验。虽然很遗憾不能前去黄山市亲自体验徽州的历史文化，但还是很高兴能够在毕业设计的过程中结识诸多的老师、同学，感受不同学校独具特色的规划思路，进行思维的碰撞。同时，在陈朋老师与程亮老师的悉心指导下，我们的方案进行了多轮修改，在此过程中我也充分锻炼了自己的城市设计技能，学会了将规划视野放大，从更宏观的角度考虑基地的定位职能，对于城市设计的理论、设计方法等有了更深层次的理解。

　　最后，在毕业设计结束之际，我非常感谢陈朋老师、程亮老师不辞辛劳的指导以及各位同学之间的相互激励与帮助，感谢我的队友王雪婷同学的努力，我也希望离开母校后，自己能够坚持规划从业者以人为本的初心，在未来为中国城市发展做出自己的贡献。

王雪婷

　　为期三个多月的毕业设计眼看就要结束了。突如其来的新冠肺炎疫情，让我们毕业生有了最后一个被延长的寒假。2020年3月1日，我们进行了线上毕业设计开题活动，从此开始了一场特殊时期的毕业设计经历。因此，如何顺利完成毕业设计和实践，站好毕业前的"最后一班岗"，也是对我们的一场考验。由于疫情，最终我们没法实现期待已久的黄山实地调研，但在这三个多月里，指导教师与我们充分使得线上会议软件、电话、电子邮件、微信等方式开展远程交流，开展毕业设计教学活动，确保我们毕业班"停课不停学"和毕业设计质量不下降。我和我的组员，从大量的资料收集开始，并通过分析、解读，对基地现状从认知到进行方案初步设计构想，对有借鉴价值的案例进行分析，将构思落实到图纸上，和组员进行了多次反复推敲方案，也定期在线上和老师、各组成员一起讨论、研究，共同解决问题。在四月中旬期间，我们进行了联合毕业设计期中答辩，更是难得的机会可以与全国各大高校优秀的老师和同学交流学习，印象非常深刻，拓展了思路，对方案也有了进一步的指导。经过三个多月的方案生成，形成图纸、文本形式的表达成果。毕业设计不仅是对所学基础知识和专业知识的检验，也同时锻炼了我们与他人协同工作的能力，非常感恩这个过程中帮助过我的所有老师和同学。毕业设计的完成也意味着我们新生活的开始，尤其是这场疫情让我们有了更多新的思考，希望我们都能在将来的生活中继续追逐最初的梦想，永不放弃。

张　妍

　　本次"7+1"联合毕业设计是一次对自己大学五年所学知识的检验，在这个过程中不仅提高了自己的能力，同时也留下了许多独特但同样美好的回忆。

　　本次毕业设计的主题是"徽墨山水·梦"，整个设计的开题、调研、评图都采用线上的方式，整个过程中，我们学习到了与往常不一样的思路与方法，在此也特别感谢陈朋老师和程亮老师的悉心指导和教导，帮助我们顺利完成此次毕业设计。同时也对城市设计有了新的感悟：作为规划者，我们不能把我们的视野局限于孤立的设计项目中，而应积极设计和建设健康的、激励人心和积极向上的城市，提供可持续解决方案的能力。与此同时，此次毕业设计也使我了解到自己在专业方面的不足，让我明白未来需要学习的东西还有很多，这也作为以后规划道路上的一个新的开始。

　　最后对于未来，我将心怀感恩，砥砺前行，在未来的道路上，打开自己的思想，持之以恒地学习，成为更优秀的自己。

张志豪

　　本次"7+1"联合毕业设计从一开始就以线上的形式进行，在整个毕业设计中，我在多方面提升了自己的能力，更是对自己大学五年学习成果的检验。本次黄山屯溪区外边溪滨水地段城市设计，以"徽墨山水·梦"为主题，我们以"传承—激活—共生"为设计理念，通过前期分析、功能定位、核心策略、设计引导等环节，把外边溪滨水地段打造成青山绿水与徽文化融合的旅游服务门户。在2020年这个特殊的时期，我们的毕业设计以线上的形式进行，开题、前期分析、设计、评图等各个环节都采用线上的形式。一方面，我很感谢陈朋老师和程亮老师，不辞辛劳地对我们进行线上指导，帮助我们顺利完成本次毕业设计。另一方面，通过本次毕业设计，我对于城市设计也有了一些新的想法。我们应该更加关注城市的健康，通过绿色的方式实现城市的可持续发展。

　　此次毕业设计让我认识到自己在规划专业方面还有很多提升的空间，毕业设计也只是我规划学习生涯的一小步，希望自己能在这条道路上坚持下去。最后我要感谢我的搭档，在这次毕业设计中勤奋工作，我们共同的努力才让设计更加完整。我也衷心地祝愿大家，都能够在自己的道路上走一步，再走一步。

韩琛子

　　毕业设计是大学五年的最后一个大考，是我们规划专业知识理论联系实际的综合应用，同时这也关系着我们五年的学习是否能画上一个圆满的句号。今年是特殊的一年，新冠疫情的突发影响了我们的日常生活也影响了我们的毕业设计，没有实地调研，不能去图书馆查阅相关资料，不能和组员面对面交流、工作，不能与导师面对面交流想法、讨论方案，等等，让我们的设计工作困难了许多。

　　值得开心的是，这一切我们都克服了。感谢陈朋老师和程亮老师设计过程中从头到尾的耐心指导和答疑，感谢友校的老师为我们整理了相关基础资料和现场资料，线上讨论交流、线下分工合作成为了我们新的工作方式。回想做毕业设计的这段时间，有磕磕绊绊，但更多的是忙碌和充实。设计过程中，我们在相关背景研究和现状分析的基础上，从功能结构、文化、生态三个维度入手，提出问题、分析问题、确定项目定位，并为解决问题进行大量案例分析，提出规划策略并一步步推敲、落实形成设计方案。回头来看，遇到了许多困难，而要把大学所学的知识运用进来解决问题，这是最实际的。

　　这次的毕业设计，让我的专业知识有了巩固和提升，收获颇丰，也有着小小的成就感。在以后的学习工作中，我也会同样努力。最后，感谢我的指导老师、同学还有父母给我的专业上的、生活上的指导和照顾，谢谢！

李佩格

　　受疫情影响，我们没能去黄山实地调研，也没能回到学校与老师和小伙伴们见面。时代迫使我们学会新的工作学习模式。为了弥补实地调研对基地的切身感受，我观看了大量的徽州纪录片，从徽商、徽派建筑到大黄山，最大的感受便是徽州人独立拼搏与学习的精神，族群相互帮扶团结。于是在我们的设计中融入研学游学作为主要元素之一。如同这场突如其来的疫情一样，原先每个人都在自己早已麻木的既定轨道运行，变故使我们离开安逸，重新思考自己的未来。我希望我们的设计能脱离传统休闲旅游"吃、走、看"的怪圈，而是去满足人们的精神物质需求，学会突破与尝试的同时延续民族精神与传统文化。

　　这次的全程线上毕业设计学习新模式，无疑为毕业设计进展中的沟通增添了不少困难。虽然设计成果还没有达到自己最满意的预期，但却从中学习到不少知识，也是对往年五年学习生活的深度梳理与总结。同时也感谢陈朋老师和程亮老师线上的耐心指导，还有队友韩琛子同学对我的支持与包容。这次毕业设计的经历将成为我今后工作学习的精神支柱之一。挥别老师与伙伴，带着这份拼搏与勇气，坚定地迈出校园，步入属于自己的奋斗方向。

山东建筑大学

邵鲁玉

我很荣幸能够参与此次的联合毕业设计，毕业设计作为我们学生在学习阶段的最后一个环节，需要我们将所学基础知识和专业知识进行综合应用，是一种再学习、再提高的过程。通过此次联合毕业设计，让我有机会与各校的老师、同学交流，我感到获益良多。
在形式上，这次的毕业设计无疑是最特殊的一次，我们不能去现场实地走访展开调研，没有办法和老师面对面沟通，一切都要通过网络形式。但通过逐步的网上调研和安徽当地老师的支持，我们对现状逐渐了解，领略到了黄山屯溪地区的魅力，对基地的现状问题进行了剖析，在与老师、同学的讨论中也逐步找到了规划的方向，构建了黄山外边溪地段的设计蓝图。在专业知识方面，我对于基地周围环境要素的解读、问题的剖析以及城市设计引导有了更加深刻的了解。这次网上调研的形式，也为我们的规划提供了一种新的思考方式，依托大数据规划可以构建统一的信息监管平台，对全域全要素的空间进行统一的管控。
在网上进行合作，更加需要同学之间的交流与密切配合，我们也深刻体会到了团队合作的重要性，同时在网上进行毕业设计，更加需要提高自己的主动性。通过这次毕业设计，增强了我的团队协作能力和时间的自我管控能力。
最后，衷心地感谢这次毕业设计中给予指导的老师和同学。

杨 阳

我非常高兴有机会参与本次的毕业设计，在本次毕业设计中收获了很多。在专业学习方面对于城市设计有了更加系统的认知。能够通过产业、生态、文化等各个方面，对一个全新地块进行分析。在各位老师的引导下，能够对于城市的发展有更加系统全面的认识。对不熟悉的黄山也从陌生到熟悉，逐步领略到徽州文化的魅力，徽州建筑的美丽。虽然没有实地进行走访，但进行云端调研依然能够获取现状资料。倘若有机会，一定会到黄山走一走，看一看。在团队合作方面，两人合作能够有效地促进自己的团队协作意识和能力。与搭档在面对各自的升学压力的情况下，依然能够保质保量地完成毕业设计，这对于我们来说是一种挑战，也是对于自身的一种突破。我们能够对于共同的问题展开讨论，进行合理的分工，达到最好的效果，这对以后的学习与工作是极好的锻炼。技术水平方面，我进行了新型软件的尝试与探索，能够更好地帮助分析现状。今后还要多多训练，以更好地适应职业的要求。
一次特殊的毕业设计，虽没有和老师、同学见面，也没有到达现场进行实地的踏勘、走访、调研，但是这段独特的经历也依然让我学会了很多，比如运用了新兴的科技手段，实现了网上学习与设计，通过及时的交流来解决团队之间的问题。感谢我的队友，感谢老师，感谢这个平台。

张亦凡

本次毕业设计是大学五年来的成果检验，七个学校的同学有着不同的规划教育背景，在这疫情的特殊时期纷纷在线上聚焦安徽、聚焦黄山、聚焦屯溪。
毕业设计是我们作为学生在学习阶段的最后一个环节，是对所学基础知识和专业知识的一种综合应用，是一种综合的再学习、再提高的过程，这一过程对学生的学习能力和独立思考及工作能力也是一个培养，同时毕业设计的水平也反映了大学教育的综合水平，因此学校十分重视毕业设计这一环节，加强了对毕业设计工作的指导和动员教育。本次七校联合的毕业设计让我们领略到了黄山片区独特的魅力，因此规划旨在打造一个综合型的三江汇地区，让历史文化技艺与现代的营建思路相结合。
感谢陈朋、程亮老师的悉心教导，也感谢在毕业设计过程中相互扶持的伙伴们。在完成毕业设计的时候，就像完成了一次规划的大考，不仅有利于自己能力的提高，也有了对未来处理一个崭新项目的自信。

蔡宇宸

随着毕业答辩的结束，为期三个多月的毕业设计就这么结束了，大学五年匆匆过，毕业设计是结束也是开始。在特殊的时期，用特殊的方式认识了七校很多的老师与同学，认识到自身的不足，也认识到需要进步的地方还有很多。这一路，忙碌而充实，疲惫也感动。最想感谢的是毕业设计老师陈朋老师不厌其烦的悉心指导与陪伴，在整个过程中学到了很多，见识到了很多，最大的感悟就是，规划设计和艺术不一样，是抽丝剥茧层层推论，是涵盖了设计素养的逻辑思维运用，而不是天马行空的好看的图画。我们在做规划的时候要讲道理，掌握多方数据，运用多种知识，最终得出一个可以站得住脚的完整的方案，站在城市的角度是可以落实的。通过这次城市设计，我更加练熟了有关城市设计的方法过程、思考点、空间与流线的组织等技巧，并深刻体会到前期基地现状研究的必要性和尊重现状与地域文化的重要性，提高了独立分析问题和提出解决问题对策的能力，养成了与大家共同探讨问题、分工合作的习惯。
在规划这条路上，我希望能再有机会与大家共同进步。感谢安徽建筑大学和黄山学院老师们为特殊的毕业设计做出的辛苦准备，以及陈朋老师、程亮老师的指导，还有我的队友张亦凡同学的合作，希望大家一切安好！

屈 青

回顾五年以来的专业学习，我还是存在一些不足和遗憾之处，但从整体上来看，经过自己不懈的努力还是取得了长足的进步，给本科五年的生活和学习画上了较为满意的句号。经过这些天的努力，毕业设计终于完成。回想我们做设计的过程，可以说是难易并存。难在所学知识的综合与归纳，易在我们做过这种类型的设计。所以毕业设计对于我们来说，既是一次小小的挑战，也是对我们大学五年所学知识的测验。
本次黄山市的城市设计，给了我们一种全新的体验，从对徽文化的了解以及对徽派建筑的研究，我们重新认识了徽派文化这个具有丰富历史底蕴的文化。在设计中，我们充分挖掘徽派文化，并将徽派文化元素融入设计中，打造徽梦山水的生活画卷。我们研究了黄山市与徽文化相关的物质文化遗产及非物质文化遗产，并将其转换为需求及业态，融入我们的设计中，不仅在建筑形式上发扬了徽派文化，也为其文化活动提供了丰富的空间。毕业设计是我们大学里的最后一道大题，看起来困难重重，但是当我们实际操作起来，又会觉得事在人为。只要认真对待，所有的问题就会迎刃而解。做一个较大的设计，需要耐心，在这个过程中，耐力也就得到了一定的磨炼。这也为即将面临的工作打下一个良好的基础。

韩国梁

光阴似箭，时光如梭，毕业设计这项有挑战性的任务是对自己五年以来学习的检验，必须有扎实的理论功底和丰富的实践经验才有可能保质保量地完成预定的设计目标。受疫情影响，整个设计过程都以网课的形式开展，对于我们来说在家做设计也是一种挑战。在陈朋老师、程亮老师的耐心指导下，我们组顺利完成了毕业设计。每周两次的网课，老师们给我们耐心地讲解、评改，让我们的方案不断改进，收获满满。感谢陈朋、程亮两位老师的耐心指导。虽然没有跟老师面对面交流的机会，但是以网课的形式也让我收获了很多，认识到自己的缺点和不足。毕业设计虽然结束了，但对于城市规划的学习并未结束。通过此次城市设计，深感自己对于城市规划的学习任重道远，希望在未来学习与工作的道路上，谨记老师教诲，不断充实自己。此次黄山市屯溪外边溪城市设计，让我感受到了区别于北方的文化特色，江南水乡、粉墙黛瓦让我痴痴如醉。通过本次的城市设计，我们对于徽文化有了一定的了解。在设计中，我们充分传承徽派文化，打造徽文化传承示范区，激活地块旅游潜能，利用基地良好的生态环境以及徽州文化，对传统民居街区进行了改造，使之成为一个宜居、宜业、宜游的文化创新区。感谢建筑城规学院以及学院的所有老师的培养，感谢并肩奋战过的同学们，我会铭记于心，努力前行！

西安建筑科技大学

周依婷

　　从三月到七月，时间如白驹过隙就这么匆匆流走，回想起来，感慨颇多。我不断地与各个学校的各位老师、同学进行沟通，寻求灵感的火花。一路走来，有过成功，有过喜悦，有过失败，也曾感到失落。

　　大美黄山，诗意屯溪。最初拿到这次课题，我们也是对基地充满憧憬。熙熙攘攘的屯溪街、碧水悠悠的新安江，无不是吸引我们的地方。尽管因为疫情的发生，我们没能到实地调研。但是，全体"7+1"联合毕业设计的老师与同学们没有放弃和松懈，即使是网络调研，大家也都出色地完成了这次课题。这也是这次毕业设计应当记住的一刻。

　　最后，这次毕业设计很艰难，但我们坚持完成了，这离不开老师们的认真负责，也离不开伙伴们的互相帮助。在这里，代表全组谨向我们亲爱的老师和小伙伴们致以最诚挚的敬意！

寇晓楠

　　刚拿到这个课题时，我充满了憧憬与向往，如诗如画的徽州，好似一个婉约的江南女子，时常在我的心间跳舞，影影绰绰，如痴如迷。到真正着手做的时候，我发现这里不仅仅有美，更有内涵，有直击心灵的感情，有厚重源远的文化，让我对这个地方多了份了解，也多了份敬重。然而，设计的过程总是充满痛苦的，方案一次又一次被推翻，理念一次又一次斟酌，最终形成我们的毕业设计。

　　成果也许不尽如人意，但我想说的是，设计有规范，但美无定数，每个人心中对合理、对美界定的尺度不一样，对方案的认可程度就不一样，在社会经验的长期积累下，难免会带着自己的有色眼镜去看待这个世界，对方案、对设计的理解、评价产生分歧也是不可避免的。但我希望，我们都可以互相尊重这样的分歧，多元的思想交流才能碰撞出火花。有碰撞，才有新意，若所有方案如出一辙，那么联合毕业设计教学也可能失去部分光彩。

魏琳睿

　　2020 年 2 月到 2020 年 6 月，是一段特殊的时期。由于疫情的原因，我们云上课、云交流、云调研，从开题到答辩，从网上调研到资料整理再到思路清晰，这其中伴随着无数次的困惑、摸索和顿悟。随着调研的深入，就越对无法实地调研这件事感到遗憾。在这段特殊的时间里，毕业设计成果得以顺利完成，要感谢在学习和生活中给予我支持和帮助的老师和队友们。感谢安徽建筑科技大学的老师和同学为我们提供重要的基础资料。感谢杨辉老师、高雅老师、邓向明老师三位指导老师在设计中给予的指导和帮助！感谢我的队友周依婷、寇晓楠、李浩然、刘丫丫在合作中给予我的帮助！毕业了，道一声珍重，不管前路多少风雨，我们永远在一起，永远不会忘记彼此。感谢所有帮助过我的人！最后，祝所有人优秀、善良、勇敢！

李浩然

　　不知不觉，五年的本科生活已经走到了尽头。曾经是多么地盼望着早些离开，但到了真正不得不离开的那一刹那，才知道，自己对这片土地是多么留恋。

　　初入校园，对什么都如此陌生却又好奇，于是凭着各种兴趣选择了各种生活方式，体会了各种成功和失败、辛酸和汗水、苦涩和甜美。在这里，认识了很多的人，有的成为了朋友，有的只是擦肩而过，有的甚至会对彼此吝惜一个微笑；在这里，第一次体会到了爱情的滋味，欢笑和争吵、甜蜜和苦恼，还有种种无奈和叹息。每个人都有想忘却和不想忘却的东西，就像你的班级，有喜欢的当然也会有不喜欢的，但到了毕业的时候，以往斤斤计较的许多事情却变得不再重要，也许是因为你我的分别，但更多的是每个人都想让属于自己的那份"回忆"，多一份美丽，少一份私心，不是吗？这些回忆是每个人的财富！

　　时间可以证明一切，时间可以改变一切，时间可以解释一切，时间可以成就一切。

刘丫丫

　　转眼间，毕业的时刻已经到来。感谢母校，她带给我一生都难以忘怀的美好时光。在这五年的时间里，西安建筑科技大学不仅给我们提供了学习科学文化知识的机会，她兼容并包的博大胸怀，敢为天下先的创新精神也深深影响了我们。作为一所综合性大学，为我们提供了充足的学习机会，使得我们在接受良好的专业教育的同时，有机会学习文学、历史、经济、艺术等各方面的知识。

　　感谢我的师长，他们不但教会了我们如何做学问，也教会了我们如何做人。忘不了老教授们的谆谆教诲，听他们讲课确实是一种享受，能够在掌握知识点的同时，得到他们在人生观上的指导。老师们把我们当作亲人，使初次远离家乡的我们感受到家的温暖。正是因为老师们的无私付出，才有了我们一天天的成长与成熟。

　　感谢我的父母，是他们含辛茹苦地把我们抚养长大。在父母面前，我们永远都是孩子，他们永远付出无私的爱，永远支持着我们。每当我苦恼、浮躁的时候，只要想到父母在电话中的嘱托，想到他们操劳的背影，想到他们为我付出的一切，那种感激之情就会冲淡所有的苦恼，使我重新振作起来，以更加积极的态度面对困难，在生活的道路上勇敢前行。

西安建筑科技大学

温 馨

毕业设计接近尾声，回头看这三个月的付出与努力，更多的是惊喜与感动。惊喜自己的成长，感动成果的不易。特殊时期，我们小组克服种种困难在线上学习与协作，从一开始的不适应到后期默契地磨合，整个过程有痛苦也有欢乐，这让我们更加体会到团队的重要性。期间最让我感动的是老师们对我们一遍遍的悉心指导和同学们的热情帮助，在大家的共同努力下，看似完不成的图纸与汇报文件都被一一攻克了。我相信结束亦是新的开始，总结问题，整装待发，我们须继续前行。

马 骉

毕业设计是我们本科学习阶段的最后一个环节，可以说是对过往五年所学基础知识和专业知识的综合运用，也是再学习、再提高的过程。我之所以选择联合毕业设计，也是希望在最后这个阶段可以在同其他高校同学的合作中收获更多知识。虽然今年的毕业设计进程因为疫情原因稍有耽搁，但整体节奏以及各高校同学的热情并没受到影响，借助科技手段，通过线上的联合答辩也能清楚地了解到各位同学优秀的设计作品。同时老师们的指导、犀利点评都让我受益良多，算是交上了一份尚显不错的答卷。最后，感谢参与联合毕业设计的各校同学，也希望大家都做到让自己满意，毕业快乐！

闫 旭

时光如梭，回想起这近四个月的毕业设计，一路走来感受颇多。从一开始进入选题时对徽州山水与文化产生的惊艳叹服之感，到结束毕业设计时对如梦徽州的向往，我想我不仅仅是将毕业设计单纯作为一个选题，也让我对城市规划设计有了更深的理解：如何将人文情感融入科学理性的规划设计中是至关重要的。最后，感谢毕业设计中为我指点迷津的指导老师，也感谢与我一同思考、共同前进的同学们！

史可鉴

我初识黄山就觉得这是一个物华天宝、人杰地灵之地，经过半个学期的云调研和了解，更想去实地感受一下。经过一个学期与小组其他同学的合作，终于完成了对黄山三江口阳湖片区的城市设计，我们以徽文化博览园为核心主题，结合在地文化资源、遗产，最终打造出一个具有徽州新风貌的特色滨江文化片区，从而带动整个阳湖地段的发展，经过联合答辩，我们的设计得到了老师们的认可，也感谢指导我们的三位老师以及在答辩中给我们提出建议的各位老师，我们在未来会做得更好！

齐来瑜

受到疫情的影响，我们这次没有去现场调研，我心里落差很大。同时，我在家里隔离，因为没有电脑、没有网络，所以前期的时候拖累小组不少，自己也很烦，在借来的电脑上做东西的时候也总是状况百出搞得自己心态崩溃，越来越不想做设计，但还是硬着头皮坚持下来。终于在黑暗中迎来了光明，可以回学校了。回到学校后拿起自己熟悉的电脑，心态慢慢恢复了，进度也慢慢跟上了，二位老师对我也是很耐心地指导，高雅老师甚至利用课下时间辅导我，我对老师们充满了感激。毕业设计真的是我人生中的一次酸甜苦辣的经历，记忆深刻，也将激励我不断前进。

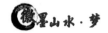

郑　特

　　毕业设计是我们本科学习生涯阶段的最后一个环节，是对所学基础知识和专业知识的一种综合应用，是再学习、再提高的过程。本次参与联合毕业设计，是对我们自我学习能力和独立思考及工作能力的培养。通过与不同学校的学习交流，开拓了自己的视野，有了更多学习和进步的空间。这一次的毕业设计也是独特的一次，没有走访现场，只能通过云调研的形式去感受古徽州三江口的独特韵味。通过与各个组的交流分享，学到了不同的设计思路和方法。也是在不断的借鉴过程中，去提高自己的设计方案。经过了这一段时间的努力，在同学和老师们的帮助下，我们终于完成了毕业设计这项重要的任务。回想我们做设计的过程，可以说是难易并存。其中要把在大学里所学过的知识结合运用起来，也是一个小小的挑战，同时也是对大学所学知识的一次检测。

　　在做毕业设计的过程中，遇到了很多困难，在遇到很难解决的问题的情况时，我们查阅了一些资料，并与老师和同学共同讨论，不断完善我们的设计方案，从而顺利地完成这份毕业设计。

刘津余

　　毕业设计接近了尾声。经过几周的奋战，我的毕业设计终于完成了。在没有做毕业设计以前，我觉得毕业设计只是对这几年来所学知识的单纯总结，但是通过这次做毕业设计发现自己的看法有点太片面。毕业设计不仅是对前面所学知识的一种检验，而且也是对自己能力的提高。这次联合毕业设计使我明白了自己的知识还比较欠缺，自己要学习的东西还太多。我也明白了学习是一个长期积累的过程，在以后的工作、生活中都应该不断地学习，努力提高自己的知识和综合素质。这次毕业设计也使我们的同学关系更进了一步。听听不同学校老师、同学的看法让我们对方案设计有了更好的理解，所以在这里非常感谢这次联合毕业设计。

　　在设计过程中，我通过查阅大量有关资料，与同学交流经验并向老师请教等，使自己学到了不少知识，也经历了不少艰辛，但收获同样巨大。整个设计过程培养了我独立工作的能力，树立了信心，相信会对今后的学习、工作、生活有重要的影响。此次设计使我充分体会到了在创造过程中探索的艰难和成功时的喜悦。

　　眨眼之间结束了我大学生涯中的一个重要过程，这一次的联合毕业设计也是我从一个学生走向社会的转折。

叶雨繁

　　一学期的毕业设计终于走到了结尾，本次毕业设计以安徽黄山屯溪三江口为场地，根据黄山著名山水旅游城市和徽州文化起源地这两大特点，结合黄山城市化的不断推进，我们从山水风光、徽州底蕴、新旧和合这三个方面来阐述我们的地块定位与规划理念，希望能通过这三个方向的地块打造，将山水文化、徽州文化与城市文化结合，实现如梦徽州的理想。

　　在三江口的层面上，我们希望利用好三江口的黄山门户优势区位，做好旅游服务配套，打造黄山门户。打造与西递宏村、歙县古城所不同的徽州市肆文化，并将新安江作为城市连通的纽带，打造城市公共空间。而在我们的阳湖单元地块上，则希望能发挥外边溪独特的滨水文化，重塑滨水景观，探索徽州文化的未来发展，打造区域共享街道，实现共享交流。做到山水城市的点睛之笔、面向未来的徽州中心和新旧和合的城市典范。

　　针对现在的山水环境、文化背景和城市困境，我们希望通过建筑高度分区控制、打造景观绿廊来推动产业升级、打造旅游品牌、推动邻里社区建设和共享生活圈。这次的毕业设计没能去黄山一趟，实在是很大的遗憾，这也导致我们对地块的把握没有特别的准确，我们的方案在这方面也确实有很大的不足，希望在日后的学习生活中能在这些方面有更大的提高。非常感谢老师们和同学们对我的帮助！

潘伟杰

　　现在回想起毕业设计过程，感受颇多。我不断地在黄山的文化与山水之间徜徉，寻求灵感的火花，在不断的反复中走过来，有过失落，有过成功，有过沮丧、有过喜悦，但这已不重要了，重要的是这一路走来，历炼了我的心志，考验了我的能力，也证明了自己，并发现了自己的不足。

　　我们这次的毕业设计分为黄山印象、初见徽州、徽州无梦、如梦徽州四个部分。其中黄山印象是对更大范围黄山的介绍与分析，初见徽州是对三江口地块的认知分析，徽州无梦板块是对现状三江口地块发展的问题探究，如梦徽州是对地块未来发展提出的理念与策略。

　　这次毕业设计给我留下印象最深的是，在黄山得天独厚的山水格局优势下，黄山也孕育了独特的徽州文化，徽州文化作为三大地方文化之一，也成为了黄山的独特竞争力。徽文化历史悠久，在物质文化层面，留下了一大批保留徽文化记忆的古建民居。在非物质文化遗产方面，徽文化留下了徽墨、竹编、根雕等一系列传统技艺。徽州也诞生了一大批名人志士。怎样在规划中融入这些物质与非物质要素是这次规划设计的着重点。

　　大学的生涯漫长而又短暂，这次毕业设计是对我的大学生涯的一次总结，希望以后能有更多的机会接触黄山，接触迷人而深邃的徽州文化。

韩剑杰

　　时至今日，几个月的毕业设计终于可以画上一个圆满的句号了。在这里，首先要感谢徐鑫、龚强、周骏老师的教敦教诲，他们每个礼拜都在负责任地帮我们看图。其次，感谢我并肩作战的队友许书凝，在整个毕业设计过程中，她一直在鼓励我、帮助我，是我前进路上不可缺少的一股力量。现在回想起来做毕业设计的整个过程颇有心得，其中有苦也有甜，不过乐趣也尽在其中。

　　在我的学习生涯中，我一直很喜欢有历史积淀、生活韵味的城市。黄山市正是这样一座城市——美丽、文艺、雅致。在黄山，不管是神秘巍峨的高峰，还是寻常人家的巷陌，都是那么有韵味，让人神往。在黄山市三江口的设计中，这块用地的复杂性——滨水、文化、山体、古建原住民等都决定了我们这次设计可以有多种创新性与可能性，这从最后的方案也能看出来，有的小组从花园城市出发构建绿轴，有的小组侧重滨水景观构建，有的小组打造国际旅游中心，这些都让我受益匪浅。感谢学校给我这样的机会锻炼，让我树立了对自己工作能力的信心，大大提高了动手的能力，并且充分体会到了在创造过程中的探索的艰难和成功的喜悦。

许书凝

　　毕业设计接近尾声，心中百感交集。首先要对我的同伴韩剑杰同学表示最真诚的感谢，感谢在大学的最后一个设计中能获得一位如此完美的队友，他不但做事非常主动负责，而且在无数次我想放弃的时候给予了我继续努力的动力。同时，正是因为队友的存在，我们能够交流思路，获得了合作的乐趣，这些无疑为毕业设计增加了更多的意义。

　　同时，也要感谢三位老师无私的帮助，从前期的定位选择、方案的空间推演，再到汇报的顺序与逻辑，老师们一直给予了我们倾力的支持，希望老师们万事如意、工作顺利。就我自己而言，本次毕业设计首先是发现了自己的不足。但也发现了自己的所长，大大加深了对城市设计的认识和对城市设计的信心和热情，希望未来在研究生阶段能够有更大的进步。

　　最后，还有一些遗憾，毕业设计作为本科的最后一个设计意义非凡，原希望能将本科所学的一些理论知识（经济学方面、地理学方面等研究方法）加以运用，但由于种种原因未能如愿，也反映出了自己眼高手低的问题，提醒我学习与实践的密不可分的关联。真诚感谢给予我无私帮助的各位！

福建工程学院

鄢 楠

徽茶主题文旅街区位于黄山中心城区江南新城片区，在屯溪新安江上游两大支流率水与横江三江汇聚的三江口，江水将屯溪分为埠阳（老街）、黎阳（西镇街）、阳湖三镇，该主题街区则位于阳湖镇。北部与屯溪老街、黎阳印象仅一江之隔，西南部紧靠稽灵山，面临新安江，坐享一线新安江景色，可谓占据着黄山最独特的区位优势，且三江口有较好的人文底蕴与历史文化物质遗存。阳湖镇更是徽商的发源地之一，其遗存的货运码头见证了徽商的兴衰历史。阳湖镇还是被称为"绿色金子"屯溪绿茶的重要产地与贸易重镇。未来建成后将形成不同于屯溪老街、黎阳印象的极具文化特质的徽茶主题文旅街区。

我们参考旅游地产、文化地产、杭州良渚文化村，将旅居客源分析至特定人群（考虑其经济、文化水平，以及特殊嗜好），其具有独特的空间模式语言、规模、可行性、愉悦性；分析黄山市内居住形态，对比旅游酒店、古村落、景点，分析有特色的居住形态与居住空间，总结缺少的可行居住形态。毕业设计作为我们大学课程中的最后一次课程设计，是对我们五年来所学的专业知识和综合运用能力的一次检验，也是毕业前补缺补漏的最后一次机会，更是我们迈向社会、从事职业工作前一个必不可少的过程。

廖钰铃

在分析比较安徽乃至其他地区茶主题文化旅游项目特点的基础上，结合文化旅游发展趋势，黄山市的时代背景和发展机遇，我们对现状的问题进行分析概括总结，提炼三个问题角度进行分析，分别是地块的宜居性、交通机动性和地域性。利用该地块的独特的区位优势和基地独特的文化资源，通过对交通机动性的改进来达到目的。我们将该基地定位为区域文化旅游接待区、滨江文化景观带核心、都市生态休闲目的地，意在将基地建设成为集特色商业、文化、旅游服务设施，以及商务办公和居住等功能为一体的新安江南岸中心文化区，且具有良好景观环境的休闲旅游区。

徽茶主题文旅街区城市设计过程从所在的大区域层面的定位及空间、交通、功能、文化四个方面着手，从宏观、中观、微观各个层面梳理确定整个文旅区定位及特色，以落实到地块，使区块更好地融入片区，凸显区域特色，实现其功能、形象诉求。

在该主题文旅区城市设计过程中，从最开始的定位、功能结构到最后的空间设计、图纸的表达上，都离不开指导老师的悉心指导以及小组同学的密切合作，历时四个多月，终于顺利完成了此次毕业设计，对此我充满了感激之情。

黄梦瑶

"7+1"联合毕业设计是我给大学生涯交的最后答卷。不同于以往的联合毕业设计，受疫情的影响，从现状调研到方案生成，我们都无法进行实地调研考察，只能通过线上的方式了解基地情况。感谢安徽建筑大学的努力，十二个专题的学习，让我们感受到了安徽独特的文化魅力的同时，也让我对本次设计有了初步了解。做你现在该做的，结果总会是好的！我很荣幸能在大学最后的一段时间里参加"7+1"联合毕业，感谢同学之间的相互交流和四位老师的悉心指导，让成果不仅仅成为了结果，也让我的思辨和分析能力有了提高。在这一次联合毕业设计中，我感受到一种强大的推导过程串联了设计前后的生成和结束，即是逻辑。逻辑在，设计皆可成为妙笔。由于本次设计我们尝试了一个较为新颖的设计理念——公园社区，设计过程更多是处于尝试阶段，感谢从头到尾一直很耐心指导我们的卓德雄老师，在我们最迷茫困惑的时候给予我们鼓励，并不断引导我们向更高的层面前进。还要感谢杨芙蓉老师给予我们的指导帮助。同时也要感谢六校其他老师在百忙之中为我们评审和提供建议。联合毕业设计为我大学生涯画上完美句号的同时，也是我的一个开端，希望自己能保持求知若渴、虚心若愚的精神，不断提升自己的专业能力和综合素质，保持进取之心和工匠精神，在未来收获更好的自己。

王泽安

我很荣幸能参加到联合毕业设计这个大团队中来，今年因为疫情影响无缘黄山，实属遗憾，但在与其他学校的交流合作中，让我学习到不同学校不同的设计思路与方法，令我受益匪浅。时光匆匆，人聚人散，三个多月的努力后，毕业设计终于完成。五年的本科学习，用充实快乐的联合毕业设计作为结尾，无疑是幸运的。

徽州、老城是充满文化历史的字眼。面对基地发展滞后的现状，如何规划，使基地承载上位落实的旅游服务功能成为城市副中心，使得基地活力复苏，是我们要面临的课题与挑战。感谢卓德雄老师与杨芙蓉老师对我们的悉心指导、鞭策和鼓励，想对两位老师说声"辛苦了"，同时还想感谢我的队友，在这个过程中，共同努力、共同奋斗，最后提交了一份令我们满意的答卷。

毕业，标志着我们即将步入社会。在离别近在眼前之时，回想自己五年的大学生活，回想我们共同经历的岁月流年，虽然舍不得，但希望大家能在以后的工作岗位上确定自己的起点，谱写自己事业上的辉煌，坚持不懈，向着更新、更高的目标前进。五年时间已到尽头，未来还有很长的路要走，相信自己，把握未来。

后记
POSTSCRIPT

徽墨山水·梦——籍梦的忆

安徽建筑大学建筑与
规划学院 吴强

　　"徽墨山水·梦"的城市设计命题与创作是继山东建筑大学 2019 全国城乡规划专业 "7 + 1" 联合毕业设计之后的又一盛会。所不同的是，处在 2020 年，这一特定时空的"云空立坛"的交流、探讨与历史见证、文化传承的力寻，于是更加地凝聚了北京建筑大学张忠国先生及其同仁（盟主），安徽建筑大学教务处处长储金龙先生、建筑与规划学院院长吴运法先生和王薇女士，规划系主任顾康康、于晓淦青年才俊及其同仁（承办），黄山市城市建筑勘察设计院院长陈继腾先生及其同仁、黄山学院建筑工程学院领导及同仁与兄弟院校的各位导师及莘莘学子们（协办）"山川异域，风雨同舟"的心血之力、感恩之情与创意才智……其中的匠心独运、笔墨之慧、山水之情、文脉之承的梦的云海，都尽显在这一特定时空下的"云的空、坛的起、禅的静"，令我无限而深情地感怀，却又时下行文笔颤而难以泼墨。不过先前的两首词，倒是可以以有限的心怀聊表这无限而深情的感触。

徽墨山水·梦
——致敬 2020 全国城乡规划专业 "7+1" 联合毕业设计全体师生与同仁们，并特别题赠：徽州之子陈继腾先生。
　　千百年，"一生痴绝处，无梦到徽州"。多少乡愁多少梦，几度情深深情处，子种孙耕。
　　走时空，"徽墨山水·梦"。山川异域研徽墨，风月同天展诗画：论"三山三水一岛"，评"三江 六岸"徽梦，建构"阳湖"山水。境，写意天下徽文章；再唱那子种孙耕。

koutian2020.3.23 夜读学子——"徽墨山水·梦"之墨之境之耕耘而欣然缘笔

徽墨山水·梦——城市设计意境
——独唱京味禅境魂，墨向丹青写意来。
　　云空立坛，满把激越读徽州，殚精竭虑研徽墨。情深深，意惶惶，行切切，山川异域，风月同天。飞春继夜走时空，只为那，徽墨山水·梦。
　　梦：尘缘苦短，叹人间路长，怎忍我，漫笔书怀负经年，枉对渐江清河卷；
　　梦：登临远望，看山水迷离。情随心缘一路奔，怎堪那，执手浊酒泪眼夺；
　　梦：徽墨山水，风随禅起。亦真亦幻难取舍，象亦无象情随笔；任凭墨向丹心，问寻南来北往——松迎天下客，禅立三江口，外边溪畔丹青墨，独唱京味禅境魂，风掠须发白。

koutian2020.03.27 心缘泼墨
期待着 2021 的北京之行的梦……